SANXIANG DIANNENGBIAO JIEXIAN
ZHENDUAN FANGFA YU SHILI

三相电能表接线
诊断方法与实例

孟凡利　　祝素云
冯永军　　王　乐　　编著

中国电力出版社
CHINA ELECTRIC POWER PRESS

内 容 提 要

本书对相位伏安表及相量图法进行了简要介绍，列举了三相电能表不同类型的常见错误接线方式，并针对各类错误接线方式介绍了多种判断、分析错误接线的方法。

本书可作为电力营销专业人员的学习用书，也可供相关专业人员参考使用。

图书在版编目（CIP）数据

三相电能表接线诊断方法与实例 / 孟凡利等编著. —北京：中国电力出版社，2016.5
ISBN 978-7-5123-8911-3

Ⅰ. ①三… Ⅱ. ①孟… Ⅲ. ①三相电度表－接线错误－诊断 Ⅳ. ①TM933.4

中国版本图书馆 CIP 数据核字（2016）第 026645 号

中国电力出版社出版、发行

（北京市东城区北京站西街 19 号 100005 http://www.cepp.sgcc.com.cn）
三河市百盛印装有限公司印刷
各地新华书店经售

*

2016 年 5 月第一版 2016 年 5 月北京第一次印刷
850 毫米×1168 毫米 32 开本 3.5 印张 75 千字
定价 12.00 元

前 言

　　判断三相电能表错误接线的方法是从事电力营销专业人员，特别是装表接电、用电检查专业人员的必备技能，也是国家电网公司和其他电力公司在营销技能竞赛中必设的项目之一。电能表接线是否正确，将直接影响到电能计量的准确性，用于贸易结算的电能表会影响供用双方的经济利益，能否及时准确地判断出电能表接线是否正确关乎计量的公平性。

　　本书主要通过列举不同类型的三相电能表错误接线方式，并用多种方法判断、分析错误接线结果，使电力营销专业人员、参赛选手及新入职员工能熟练掌握这一技能。参与编著本书的作者都是多年从事电能计量工作的一线员工，他们经常参与负责本单位和省电力公司电力营销竞赛有关电能表错误接线项目的教练任务，他们是国网焦作供电公司孟凡利、祝素云、王乐，国网濮阳供电公司冯永军。此外，国网焦作供电公司任建成、宋涛，国网濮阳供电公司房志令也为本书的编写完成做了大量的工作。

　　由于编者水平有限，书中难免存在疏漏之处，望广大读者批评指正，我们将及时改正。

编著者

相位伏安表及相量法概述

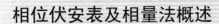

一、相位伏安表使用概述

本书判断三相电能表接线的方法，是以相位伏安表（简称相位表）测试的数据为例进行判断分析的。

1. 相位伏安表使用方法简介

以 SMG 2000 相位表为例（如图 1 所示）相位伏安表具有 U_1I_1 和 U_2I_2 两组测试接线区域，U_1I_1 在相位上超前 U_2I_2。测量时应特别注意。

（1）测量电压：选择对应接线区域电压挡"U"，将红、黑表笔与测量点接触，窗口显示电压值。

（2）测量电流：选择对应接线区域电流挡"I"，将电流卡钳卡住需测电流的导线，窗口显示电流值。

（3）测量电压与电流之间的相位差角：选择相位角挡"φ"，此时应注意，使用相位伏安表时 I_1 和 U_2 是一组，I_2 和 U_1 是一组（推荐）。

1）将相位伏安表的红表笔和黑表笔连线的另一端按颜色分别插入相位表上标有"U_1"的两

图 1

侧插孔内。

2）将相位伏安表电流卡钳连线的另一端插入相位表上标有"I_2"的插孔内，将电流卡钳卡住电流进线（应注意电流卡钳的极性一定要正确）。

3）再将红表笔和黑表笔分别接触到需测电压的 U、V 两个端子上。窗口显示值是 U_{UV} 与 I 之间的夹角。

（4）在使用相位伏安表前应先对其进行"校准"。具体方法是将相位表上的旋钮开关旋至"360°校"挡。此时，相位表上的显示窗口应显示"360"，若显示值不是"360"时，可调节"W"校准螺钉，直至其显示值为"360"为止。

2. 相位伏安表与电能表表尾接线端子符号标识约定

本书中所描述的电压电流符号标识约定如下：

（1）电能表表尾接线端子电压与电流符号标识分别为 U_1、U_2、U_3 和 I_1、I_3。例如，三相电能表正确接线时的 U_U、U_V、U_W 和 I_U、I_W。

（2）测试数据表中电压与电流标识符号，与电能表表尾接线端子电压与电流标识符号，接线顺序一致。

3. 功率因数取值范围

（1）感性负荷：$0° \leqslant \varphi < 60°$。

（2）容性负荷：$-40° < \varphi < 0°$。

4. 数据测量

本书中所有数据测试来源于万特电能表接线仿真系统。

5. 接线测试方法及注意事项

本书主要介绍的三相电能表接线测试方法是相位伏安表法。测试数据时需注意被测对象的相位关系。利用相量图法判断三相电能表接线时，如需判断电能表接线相序（顺序）唯一性，必须先定相，否则，接线相序不唯一。

二、相量图法概述

1. 相量图法

一般采用比较法判断三相电能表接线是否正确，即相量图法。所谓相量图法就是通过电源侧相量图与接入电能表表尾接线端子测得的相量图进行比较，来判断接入电能表电源线的相序是否正确。主要测量：电压值、电流值及电能表各分元件对应的电压和电流相位角。辅助测量：确定 V 相，测各相电压对地为零值；确定相序，测电压与电压之间及电压与电流之间相位角。需要注意的是，确定 V 相是为了判断接线的唯一性，否则不唯一。

2. 电源侧与电能表表尾接线端子测得的相量图区别

三相交流电的相序有两种排列方式，即正相序与逆相序。所谓正相序是指 U、V、W 三相按顺时针方向排列，即 UVW、VWU、WUV；所谓逆相序是指 U、V、W 三相按逆时针方向排列，即 WVU、VUW、UWV。无论是三相三线或三相四线式电能表，接入三相电能表的电压相序为 UVW 三相正相序排列时才能正确计量三相电能。正相序与逆相序是对接入三相电源的负荷侧即电能表而言的，即接入电能表表尾接线端子电压的排列顺序，电源侧相序是不变的。因此，如何正确画出三相交流电相量图是正确使用比较法判断电能表接线的关键所在。其核心是电源侧三相交流电相量图相序是正相序不变的，即 U、V、W 三相是正相序且互差 120°，如图 2 所示。

画负荷侧即三相电能表三相电

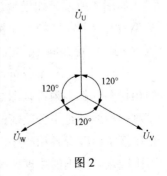

图 2

压相量图时其标识应注意与电源侧区别开来，因为三相电能表在接线正确的情况下相序与电源侧一致，为 UVW。在接线错误的情况下与电源侧相序不一致，如不加以区别，就会造成标识混乱给判断分析带来困难。因此，将三相电能表表尾电压接线端子按正序分别用下标 1、2、3 来标识（也可以用其他下标标识）。图 3 为三相电压正相序接入时的相量图。图 4 为三相电压逆相序接入时的相量图。

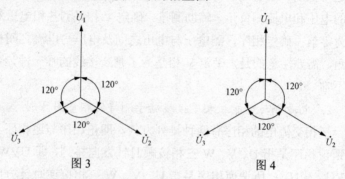

图 3   图 4

3. 利用相量图判断三相电能表相序

如图 3 所示，如果确定 U_2 为三相电压 V 相，即可判断 U_1 为 U 相，U_3 为 W 相，即相序为 UVW。如果确定 U_3 为三相电压 V 相，即可判断 U_1 为 W 相，U_2 为 U 相，即相序为 WUV。

如图 4 所示，如果确定 U_2 为三相电压 V 相，即可判断 U_1 为 W 相，U_3 为 U 相，即相序为 WVU。如果确定 U_3 为三相电压 V 相，即可判断 U_1 为 U 相，U_2 为 W 相，即相序为 UWV。

通过图 3、图 4 分析可知，无论是正相序还是逆相序画出的相量图，都必须符合图 2 所示的标准，这是因为三相电源相序对称的原理是不会改变的，只是接入负荷侧时（即电能表时）相序接错会改变各相顺序，这也是利用相量图法能够判断电能表接线是否正确的原理所在。

4. 举例说明相量图的画法

三相电流与三相电压相量图一样，正确接线情况下电流与电压应遵循随相原则，其相位与负荷性质有关，若是纯阻性负荷，则电流与电压同相，若是感性负荷，则电流滞后电压一个 φ 角，若是容性负荷，则电流超前电压一个 φ 角。

以三相三线有功电能表为例，画出其相量图。

三相三线有功电能表第一组元件所加电压与电流分别为 U_{UV} 和 I_U;

三相三线有功电能表第二组元件所加电压与电流分别为 U_{WV} 和 I_W。

第一步，先画出三相电压相量图，如图 5 所示。

第二步，画出 U_{UV} 电压相量图，如图 6 所示。

$$\dot{U}_{UV} = \dot{U}_U - \dot{U}_V = \dot{U}_U + (-\dot{U}_V)$$

根据相量平行四边形法
则画出 $\dot{U}_{UV}$ 相量。

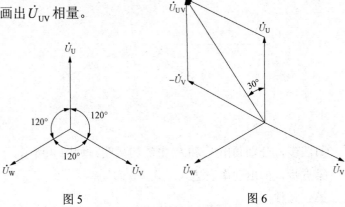

图 5   图 6

第三步，画出 $\dot{U}_{WV}$ 电压相量图，如图 7 所示。

$$\dot{U}_{WV} = \dot{U}_W - \dot{U}_V = \dot{U}_W + (-\dot{U}_V)$$

根据相量平行四边形法则画出 $\dot{U}_{WV}$ 相量。

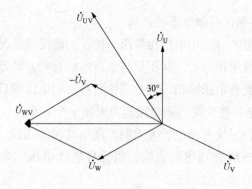

图 7

$\dot{U}_{UV}$ 和 $\dot{U}_{WV}$ 相量图如图 8 所示。

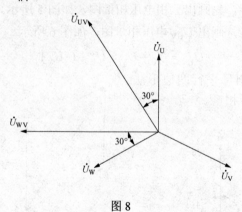

图 8

第四步，分别画出 $\dot{I}_U$ 和 $\dot{I}_W$ 电流相量图，如图 9 所示。

第五步，列出功率表达式。

第一元件：

$$P_1 = U_{UV}I_U\cos(30°+\varphi)$$

第二元件：

$$P_2 = U_{WV}I_W\cos(30°-\varphi)$$

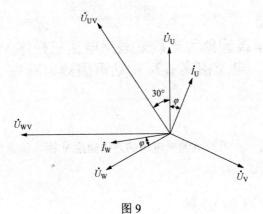

图 9

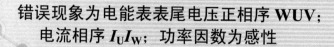

错误现象为电能表表尾电压正相序 WUV；电流相序 $I_U I_W$；功率因数为感性

方法一： 用对地测量电压的方法确定 V 相，确定电压相序，分析错误接线

1. 测量操作步骤

（1）将相位表用于测量电压的红表笔和黑表笔分别插入 U_1 两侧对应的插孔中。电流卡钳插入 I_2 孔中，相位表挡位应打在 I_2 的 10A 挡位上。将电流卡钳（按卡钳极性标志）依次分别卡住两相电流线，可测得 I_1 和 I_3 的电流值，并做记录。

（2）相位表挡位旋转至 U_1 侧的 200V 挡位上。此时，假设电能表表尾的三相电压端子分别是 U_1、U_2、U_3。将红表笔触放在表尾的 U_1 端子，黑表笔触放在 U_2 端子，可测得线电压 U_{12} 的电压值。按此方法再分别测得 U_{32} 和 U_{31} 的电压值，并做记录。

（3）将红表笔触放在表尾 U_1 端，黑表笔触放在对地端（工作现场的接地线），可测得相电压 U_{10} 的电压值。然后，黑表笔不动，移动红表笔测得 U_{20} 和 U_{30} 的电压值，其中有一相为零，并做记录。

（4）相位表挡位旋转至 φ 的位置上，电流卡钳卡住 I_1 的电流进线。相位表的黑表笔触放在测得的相电压等于零的电压端子上，红表笔放在某一相电压端子上，测得与 I_1 相关的一个角度 φ_1；然后将红表笔再放在另一相电压端子上，又测得与 I_1 相关的一个角度 φ_2。按此方法，将电流改变用 I_3 又可测得与 I_3 相关的两个角度 φ_3 和 φ_4，并做记录。

2. 数据分析步骤

（1）测得的电流 I_1 和 I_3 都有数值，且大小基本相同时，说明电能表无断流现象，是在负载平衡状态下运行的。

（2）测量的线电压 $U_{12}=U_{32}=U_{31}=100V$ 时，说明电能表电压正常，无电压断相和极性相反情况。

（3）若测量的相电压中两个值等于 100V，一个值等于零，说明电压值正常。并且其中等于零的那一相就是电能表实际接线中的 V 相。

（4）对测量的电压和电流的夹角进行比较。φ_1 和 φ_2 比较（或 φ_3 和 φ_4 比较），相位差 60° 时，角度小的就是电能表实际接线中的 U 相电压。那么，另一相电压就是 W 相；相位差 300° 时，角度大的就是电能表实际接线中的 U 相电压。那么，另一相电压就是 W 相，此时，电能表的实际电压相序就可以判断出来。

（5）画出相量图。在相量图上用测得的两组角度确定电流 I_1 和 I_3 的位置。在相量图上先用和 I_1 有关的两个实际线电压为基准，顺时针旋转 φ_1 和 φ_2 两个角度，旋转后两个角度基本重合在一起，该位置就是电流 I_1 在相量图上的位置。同样，顺时针旋转 φ_3 和 φ_4 的角度，得到电流 I_3 在相量图上的位置，此时就可以确定电流的相序。

（6）依据判断出的电压相序和电流相序，可以做出错误接线的结论。并根据结论写出错误接线时的功率表达式。

3. 实例分析

错误现象为电能表表尾电压正相序 WUV，电流相序为 $I_U I_W$。

图 10 是三相三线有功电能表的错误接线。电压 U_{UV} 与 U_{WV} 分别接于第一元件和第二元件电压线圈上。由于电压互感器（TV）二次侧互为反极性，使得 U 相元件电压线圈两端实际承受的电压为 U_{WU}；W 相元件电压线圈两端实际承受的电压则为

U_{VU}；第一元件和第二元件电流线圈通入的电流分别为 I_U 和 I_W。

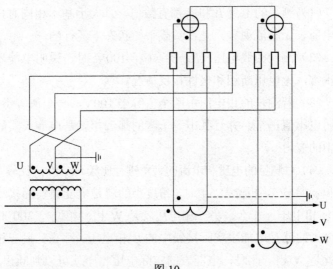

图 10

（1）按照测量操作步骤测得数据，并将测量数据记录在表 1 中。

表 1　　　　　　　　　　测 量 数 据 值

电流/A		电压/V				角度/（°）			
I_1	2.36	U_{12}	99.8	U_{10}	99.8	$\varphi_{U_{13}I_1}$	109	$\varphi_{U_{13}I_3}$	350
		U_{32}	100	U_{20}	100	$\varphi_{U_{23}I_1}$	49	$\varphi_{U_{23}I_3}$	290
I_3	2.36	U_{31}	99.9	U_{30}	0				

（2）分析并确定电压相序：

1）因为 $U_{12} \approx 100V$，$U_{32}=100V$，$U_{31} \approx 100V$，故可以断定电能表三相电压正常。

2）确定 V 相位置。由于表 1-1 中 $U_{30}=0V$，即可断定电能表表尾 U_3 所接的电压为电能表的实际 V 相电压。

10

3）确定电压的相序。角度中 U_{13} 和 I_1 夹角等于 109°，U_{23} 和 I_1 的夹角等于 49°，比较两个角度，相位差 60°，角度小的即为 U 相，即电能表表尾 U_2 端子为实际接线中的 U 相。此时即可确定电能表所接的电压相序为 WUV。

（3）分析并确定电能表两个元件所通入的实际电流。

1）电能表电压相序为 WUV，可将表 1-1 中 $\varphi_{U_{13}I_1} = 109°$、$\varphi_{U_{23}I_1} = 49°$、$\varphi_{U_{13}I_3} = 350°$、$\varphi_{U_{23}I_3} = 290°$ 相应地替代为 $\varphi_{U_{UV}I_1} = 109°$、$\varphi_{U_{UV}I_1} = 49°$、$\varphi_{U_{WV}I_3} = 350°$ $\varphi_{U_{UV}I_3} = 290°$。

2）在相量图上，以实际电压 U_{WV} 为基准顺时针旋转 109°，再以实际电压 U_{UV} 为基准顺时针旋转 49°。两次落脚点基本重合，由此点按画相量的方法，在相量图上画出其相量方向，得到第一元件所通入的电流 I_U。

3）在相量图上，同样依步骤 2）分别按顺时针方向旋转 350° 和 290°，即可得到第二元件所通入的电流 I_W。

（4）画出错误接线时的实测相量图，如图 11 所示。

（5）画出错误接线相量图，如图 12 所示。

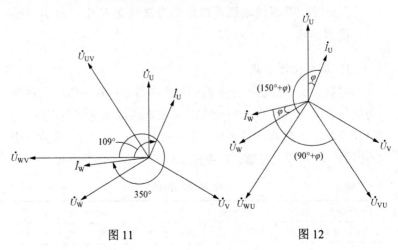

图 11   图 12

（6）写出错误接线时测得的电能（以功率表示）。正确接线时，第一元件的电压为 U_{UV}，第二元件为 U_{WV}。当错误接线时，由于电压相序为 WUV，那么第一元件的实际电压是 U_{WU}，第二元件的实际电压是 U_{VU}。对两个元件所计量的电能分别进行分析（以功率表示），并设 P_1' 为第一元件错误计量的功率，P_2' 为第二元件错误计量的功率。

第一元件测量的功率：

$$P_1' = U_{WU} I_U \cos(150° + \varphi)$$

第二元件测量的功率：

$$P_2' = U_{VU} I_U \cos(90° + \varphi)$$

在三相电路完全对称，两元件测量的总功率为

$$P' = P_1' + P_2'$$
$$= U_{WU} I_U \cos(150° + \varphi) + U_{VU} I_W \cos(90° + \varphi)$$

点评：该方法简便、快捷，在测量数据的过程中，就能够很快判断出 V 相电压和电压相序。

方法二：用不对地测量电压的方法确定 V 相，分析判断错误接线

1. 测量操作步骤

测量方法和方法一基本相同，不同点是：在方法一中对地测量相电压改为只需将相位表的红表笔触放在电能表表尾 U_1 的端子上，黑表笔悬空测得一较小的电压值，再以同样的方法测得 U_2 和 U_3 的电压值，其中一相值约为零。测量数据见表 2。

表 2 测 量 数 据 值

电流/A		电压/V			角度/（°）		
I_1	2.36	U_{12}	99.8	U_1	4.9	$\varphi_{U_{13}I_1}$	109	$\varphi_{U_{13}I_3}$	350

电流/A		电压/V				角度/（°）			
		U_{32}	100	U_2	4.7	$\varphi_{U_{23}I_1}$	49	$\varphi_{U_{23}I_3}$	290
I_3	2.36	U_{31}	99.9	U_3	0				

2. 数据分析步骤

通过表 1 和表 2 的数据比对，可以看出只是 U_{10}、U_{20}、U_{30} 和 U_1、U_2、U_3 的电压值不同，具体的分析步骤和方法一基本相同，U_1、U_2、U_3 中电压值近似为零的即为 V 相。

相量图的画法和错误接线时的功率表达式与方法一完全相同。

3. 实例分析（同方法一）

实例分析的具体方法和方法一完全相同。

点评：该方法与方法一的主要区别是，不对地进行电压测量，来确定 V 相电压的位置，用此方法测量简单易行。

方法三：用测量线电压相位角的方法判断相序，分析判断错误接线

1. 测量操作步骤

（1）测量电流 I_1、I_3 的方法同方法一。

（2）测量线电压 U_{12}、U_{32}、U_{31} 的方法同方法一。

（3）测量角度时，相位表挡位旋转至 φ 的位置上，电流卡钳卡住电流进线 I_1，相位表的红表笔触放在电能表表尾 U_1 的端子上，黑表笔触放在 U_2 的端子上，测得 $U_{12}I_1$ 的夹角。然后，将电流卡钳卡住电流进线 I_3，相位表的红表笔和黑表笔不动，测得 $U_{12}I_3$ 的夹角，并做记录。

（4）相位表挡位在 φ 挡上，将相位表的两组电压线（相位

表一般都配两组 4 根电压测量线，一组线头是黑红色夹子，一组是黑红色笔尖）分别插入相位表 U_1 侧和 U_2 侧对应的两个孔内。将相位表 U_1 侧孔中的两根电压线（带夹子）分别夹住电能表 U_1、U_2 端子；然后将相位表 U_2 侧孔中的两根电压线（带笔尖）的红表笔、黑表笔分别触放在电能表表尾 U_3 和 U_2 的端子上，此时，测得的是 $U_{12}U_{32}$ 的角度，并做记录。

2. 数据分析步骤

（1）测量的 I_1 和 I_3 都有数据，且数值大小基本相同时，则说明电能表是在负载平衡的状态下运行的。

（2）测量的线电压 $U_{12}=U_{32}=U_{31}=100$V 时，说明电能表电压正常，无电压断相、极性相反情况。

（3）画出基本相量图。

（4）电压相序的判断。若测得 U_{12} 和 U_{32} 的角度是 300°，则电压相序为正相序。若测得 U_{12} 和 U_{32} 的角度是 60°，则电压相序为逆相序（若是 30°、120°、240°、330°，则是 TV 极性反接）。

（5）确定电流相序。根据测得的 $U_{12}I_1$ 的角度，在相量图上以 U_{12} 为基准顺时针旋转该角度，得到 I_1 在相量图上的位置。依同样的方法以 U_{32} 为基准得到 I_3 的位置。此时，可以根据 I_1 和 I_3 在相量图上的位置判断出电流的相序。

（6）确定电压相序。三相三线电能表 V 相是无电流的。根据相量图上的两个电流跟随的电压位置，可以看出无电流跟随的电压就是 V 相。此时，可以判断出电压相序。

（7）写出功率表达式。

3. 实例分析（同方法一）

错误现象为电能表表尾电压正相序 WUV，电流相序 I_UI_W。

（1）按照测量操作步骤测得数据，并将测量数据记录在表 3 中。

表3

电流/A		电压/V		角度/（°）	
I_1	2.36	U_{12}	99.8	$\varphi_{U_{12}U_{32}}$	301
		U_{32}	100	$\varphi_{U_{12}I_1}$	169
I_3	2.36	U_{31}	99.9	$\varphi_{U_{12}I_3}$	49

（2）分析并确定电压相序：

1）因为 $U_{12}\approx100V$，$U_{32}=100V$，$U_{31}\approx100V$ 可以断定电能表三相电压正常。

2）画出基本相量图，如图13所示。

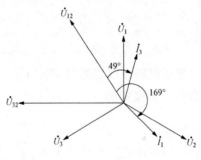

图13

依据 $\varphi_{U_{12}U_{32}}=301°$ 确定电压为正相序。

3）确定电压相序，如图14所示。

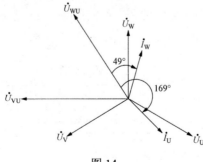

图14

如图 13 所示，按照 $\varphi_{U_{12}U_1} = 169°$，以 U_{12} 为基准顺时针旋转 169°，确定 I_1 的位置；再以 U_{12} 为基准顺时针旋转 49°，确定 I_3 的位置。此时，看到 I_3 滞后 U_1，I_1 滞后 U_2，U_1 和 I_3、U_2 和 I_1 的两个夹角基本相同，并且在相量图上的位置较合理，可以判定该负载性质为感性。如图 14 所示，无电流跟随的 U_3 即可确定为 V 相。那么，电能表所接的电压相序为 WUV，电流 I_1 和 I_3 分别是 I_U 和 I_W。

（3）画出错误相量图及功率表达式的方法和方法一相同。

> 点评：在使用该方法对电能表接线进行分析时，要求对相量图要有较深刻的认知，才能在确定两个电流和 V 相电压时做到准确无误。

方法四： 用直接判断电能表表尾 U_1、U_2、U_3 电压相序的方法，分析判断错误接线

1. 测量操作步骤

（1）测量表尾的电压值，并确定 V 相电压位置。

将用于测量电压的红表笔和黑表笔分别插入相位表 U_1 对应的两个孔中（图 15），挡位旋转至 U_1 的 200V 位置上，分别测量电能表表尾 U_{12}、U_{23}、U_{31} 和 U_{10}、U_{20}、U_{30} 的值，并记录在表 4 中。根据表 4 中的值，首先排除了 TV 某相反接和断相，并确定了电能表表尾 U_3 为 V 相电压（$U_{30}=0V$）。

表 4　　　　　　　　　　　　测 量 数 据 值

电能表表尾位置	U_{12}	U_{32}	U_{31}	U_{10}	U_{20}	U_{30}
电压值/V	99.97	99.96	99.99	99.99	99.96	0

伏安表相位接线如图 15 所示。

（2）测量电能表表尾电
压相位，确定表尾 U_1、U_2、
U_3 分别对应的是哪相电压及
相序。

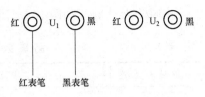

图 15

1）操作步骤分析：首
先将相位表 U_1 的黑表笔与
U_2 的红表笔合并，接电能表表尾 V 相电压。其次，将相位
表 U_1 的红表笔与 U_2 的黑表笔任意接表尾的另外两个电压位
置，此时测量的 φ 值，理论上应为 120°或 240°（实际值与
其有出入，但相差不大）。当 φ 值为 120°左右时，相位表
U_1 的红表笔测量位置为 U 相电压，相位表 U_2 的黑表笔测量
位置为 W 相电压；当 φ 值为 240°左右时，相位表 U_1 的红
表笔测量位置为 W 相电压，相位表 U_2 的黑表笔测量位置为
U 相电压。

此测量方法，无论 V 相电压在电能表表尾的哪个位置，均将
相位表的合并表笔与其相接。根据测量的 φ 值，直接判断出表尾
U_1、U_2、U_3 分别对应的是哪相电压，其表尾相序也一目了然。

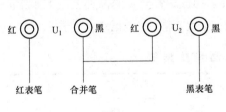

图 16

2）实例操作：如图
16 所示，将相位伏安表
挡位旋转至 φ 的位置上，
把相位表 U_1 的黑表笔与
U_2 的红表笔合并后接电
能表表尾的 U_3（V 相电
压），相位表 U_1 的红表笔与 U_2 的黑表笔分别接表尾的 U_1 和 U_2，
测量 φ 值，并做记录，见表 5，根据表 5 中的值，判断出表尾
的 U_1 为 W 相电压、U_2 为 U 相电压，即表尾 U_1、U_2、U_3 分别
对应 W、U、V，为正相序。

相位伏安表接线如图 16 所示。

相位表表笔位置	红表笔（接 U_1）、黑表笔（接 U_2）、合并表笔（接 U_3=V）
相位（φ）	$\varphi_{U_{13}U_{32}}$
	240.1°

（3）测量电能表表尾 I_1 和 I_3 的值。将用于测量电流的测量钳插入相位表的 I_2。挡位旋转至 I_2 的 10A 位置上，分别测量电能表表尾 I_1 和 I_3 的值，并做记录，见表 6，根据表 6 值，判断电流基本平衡，无短路、断路。

表 6   测 量 数 据 值

测量项	I_1	I_3
测量值	1.998	1.997

（4）测量电能表表尾 U_{12}、U_{32} 分别与表尾 I_1 和 I_3 的相位值。将用于测量电压的红表笔和黑表笔分别插入相位表 U_1 对应的两个孔中，电流测量钳插入 I_2。挡位旋转至 φ 的位置上，分别测量 $U_{12}I_1$、$U_{32}I_1$ 和 $U_{12}I_3$、$U_{32}I_3$ 的相位值，并做记录，见表 7。

表 7   测 量 数 据 值

测量项	$\varphi_{U_{12}I_1}$	$\varphi_{U_{32}I_1}$	$\varphi_{U_{12}I_3}$	$\varphi_{U_{32}I_3}$
测量值	174.9°	235.1°	54.9°	114.9°

2．数据分析步骤

（1）画相量图并分析。

1）画出 U_U、U_V、U_W 电压的相量。

2）根据确定的电能表表尾电压位置 $U_{12}=U_{WU}$、$U_{32}=U_{VU}$，

画出 U_{12} 和 U_{32} 的电压相量。

3）根据表 7 的值，分别以 U_{12}（U_{WU}）、U_{32}（U_{VU}）为基准，顺时针旋转 $\varphi_{U_{12}I_1}$ 和 $\varphi_{U_{32}I_1}$ 两个角度，旋转后两个角度基本重合在一起，该位置就是电流 I_1 在相量图上的位置。同样，顺时针旋转 $\varphi_{U_{12}I_3}$ 和 $\varphi_{U_{32}I_3}$ 的两个角度，得到电流 I_3 在相量图上的位置。

4）根据 I_1 和 I_3 在相量图上的位置，判断 I_1 和 I_3 分别为 I_U 和 I_w，确定了电能表表尾电流相序，如图 17 所示。

（2）写出错误接线时的电能表达式（以功率表示）。因正确接线时，第一元件的电压为 U_{UV}，第二元件为 U_{WV}，实测电压相序为 WUV，第一元件实际电压是

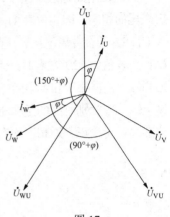

图 17

U_{WU}，第二元件实际电压是 U_{VU}，所以此接线为错误接线。对两个元件所计量的电能分别进行分析，并设 P_1' 为第一元件错误计量的功率，P_2' 为第二元件错误计量的功率。

第一元件测量的功率：

$$P_1' = U_{WU}I_U \cos(150° + \varphi)$$

第二元件测量的功率：

$$P_2' = U_{VU}I_U \cos(90° + \varphi)$$

在三相电路完全对称，两元件测量的总功率为：

$$P' = P_1' + P_2'$$
$$= U_{WU}I_U \cos(150° + \varphi) + U_{VU}I_W \cos(90° + \varphi)$$

点评：该方法简便、快捷，在测量数据的过程中，能够直接判断出电能表表尾的 U_1、U_2、U_3 分别对应的是哪相电压和电压相序。

另外，用此方法，在 TV 无反接无断相时，可直接判断电能表表尾的相序，即相位表 U_1 的红表笔接电能表表尾的 U_1，相位表 U_1、U_2 的合并表笔接表尾的 U_2，相位表 U_2 的黑表笔接表尾的 U_3；当 φ 值为 120°左右时，为正相序，当 φ 值为 240°左右时，为逆相序。根据相序和 V 相在表尾的所处位置，可直接判断出表尾 U_1、U_2、U_3 分别对应的是哪相电压。当不知道 V 相在表尾所处的位置时，无论正、逆相序均有 3 种接线方式，其结果相同。

错误现象为电能表表尾电压逆相序 VUW，电流相序 $I_U I_W$，U 相电流极性 反接，功率因数为感性

方法一：用对地测量电压的方法确定 V 相，确定电压相序，分析错误接线

1. 测量操作步骤

（1）将相位表用于测量电压的红表笔和黑表笔分别插入 U_1 侧相对应的两个孔中。电流卡钳插入 I_2 孔中，相位表挡位应打在 I_2 的 10A 挡位上。将电流卡钳（按卡钳极性标志）依次分别卡住两相电流线，可测得 I_1 和 I_3 的电流值，并做记录。

（2）相位表挡位旋转至 U_1 侧的 200V 挡位上。此时，假设电能表表尾的三相电压端子分别是 U_1、U_2、U_3。将红表笔触放在表尾的 U_1 端子，黑表笔触放在 U_2 端子，可测得线电压 U_{12} 的电压值。按此方法再分别测得 U_{32} 和 U_{31} 的电压值，并做记录。

（3）将红表笔触放在电能表表尾 U_1 端，黑表笔触放在对地端（工作现场的接地线），可测得相电压 U_{10} 的电压值。然后，黑表笔不动，移动红表笔测得 U_{20} 和 U_{30} 的电压值，其中有一相为零，并做记录。

（4）相位表挡位旋转至 φ 的位置上，电流卡钳卡住 I_1 的电流进线。相位表的黑表笔触放在测得的相电压等于零的电压端子上，红表笔放在某一相电压端子上，测得与 I_1 相关的一个角度 φ_1；然后将红表笔再放在另一相电压端子上，又测得与 I_1 相关的一个角度 φ_2。按此方法，将电流改变用 I_3 又可得与 I_3 相关的两个角度 φ_3 和 φ_4，并做记录。

2. 数据分析步骤

（1）测得的电流 I_1 和 I_3 都有数值，且大小基本相同时，说明电能表无断流现象，是在负载平衡状态下运行的。

（2）测量的线电压 $U_{12}=U_{32}=U_{31}=100\text{V}$ 时，说明电能表电压正常，无电压断相、极性相反情况。

（3）测量的相电压若其中两个值等于 100V，一个值等于 0，说明电压值正常。并且其中等于 0 的那一相就是电能表实际接线中的 V 相。

（4）对测量的电压和电流的夹角进行比较。φ_1 和 φ_2 比较（或 φ_3 和 φ_4 比较），相位差 60° 时，角度小的就是电能表实际接线中的 U 相电压，那么，另一相电压就是 W 相；相位差 300° 时，角度大的就是电能表实际接线中的 U 相电压，那么，另一相电压就是 W 相，此时，电能表的实际电压相序就可以判断出来。

（5）画出相量图。在相量图上用测得的两组角度确定电流 I_1 和 I_3 的位置。在相量图上先用和 I_1 有关的两个实际线电压为基准，顺时针旋转 φ_1 和 φ_2 两个角度，旋转后两个角度基本重合在一起，该位置就是电流 I_1 在相量图上的位置。同样，顺时针旋转 φ_3 和 φ_4 的角度，得到电流 I_3 在相量图上的位置，此时就可以确定电流的相序。

（6）依据判断出的电压相序和电流相序，可以做出错误接线的结论，并根据结论写出错误接线时的功率表达式。

3. 实例分析

错误现象为电能表表尾电压正相序 VUW；电流相序 $I_U I_W$；U 相 TA 极性反接。

图 18 是三相三线有功电能表的错误接线。电压 U_{UV} 与 U_{WV} 分别接于第一元件和第二元件电压线圈上。由于电压互感器二次侧互为反极性，使得 U 相元件电压线圈两端实际承受的电压

为 U_{VU}；W 相元件电压线圈两端实际承受的电压则为 U_{WU}；电流因 U 相 TA 二次侧极性反接，造成第一元件电流线圈通入的电流为 $-I_U$，第二元件电流线圈通入的电流为 I_W。

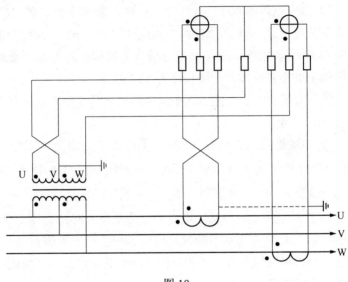

图 18

（1）按照测量操作步骤测得数据，并将测量数据记录在表 8 中。

表 8　　　　　　　　　　　　测 量 数 据 值

电流/A		电压/V				角度/（°）			
I_1	2.36	U_{12}	100	U_{10}	0	$\varphi_{U_{21}I_1}$	229	$\varphi_{U_{21}I_3}$	289
		U_{32}	99.7	U_{20}	100	$\varphi_{U_{31}I_1}$	289	$\varphi_{U_{31}I_3}$	350
I_3	2.36	U_{31}	99.9	U_{30}	99.9				

（2）分析并确定电压相序：

1）因为 U_{12}=100V，U_{32}=100V，U_{31}=100V 可以断定电能

表三相电压正常。

2）确定 V 相位置。由于表 8 中 U_{10}=0V 即可断定电能表表尾 U_1 所接的电压为电能表的实际 V 相电压。

3）确定电压的相序。角度中 U_{21} 和 I_1 夹角等于 229°，U_{31} 和 I_1 的夹角等于 289°，比较两个角度，相位差 60°，角度小的即为 U 相，即电能表表尾 U_2 端子为实际接线中的 U 相。此时即可确定电能表所接的电压相序为 VUW。

（3）分析并确定电能表两个元件所通入的实际电流，如图 19 所示。

1）电能表电压相序为 VUW，可将表 8 中 $\varphi_{U_{21}I_1}=229°$、$\varphi_{U_{31}I_1}=289°$、$\varphi_{U_{21}I_3}=289°$、$\varphi_{U_{31}I_3}=350°$ 相应地替代为 $\varphi_{U_{UV}I_1}=229°$、$\varphi_{U_{WV}I_1}=289°$、$\varphi_{U_{UV}I_3}=289°$、$\varphi_{U_{WV}I_3}=350°$。

2）在相量图上，以实际电压 U_{UV} 为基准顺时针旋转 229°，再以实际电压 U_{WV} 为基准顺时针旋转 289°。两次落脚点重合，由此点按画相量的方法，在相量图上画出其相量方向，由此得到第一元件所通入的电流$-I_U$。

3）在相量图上，同样依步骤 2）分别按顺时针方向旋转 289°和 350°，即可得到第二元件所通入的电流 I_W。

（4）画出错误接线时的实测相量图，如图 19 所示。

（5）画出错误接线相量图，如图 20 所示。

（6）写出错误接线时测得的电能（以功率表示）：

正确接线时，第一元件的电压为 U_{UV}，第二元件为 U_{WV}。当错误接线时，由于电压相序为 VUW，那么第一元件的实际电压是 U_{VU}，第二元件的实际电压是 U_{WU}。对两个元件所计量的电能分别进行分析（以功率表示），并设 P_1' 为第一元件错误计量的功率，P_2' 为第二元件错误计量的功率。

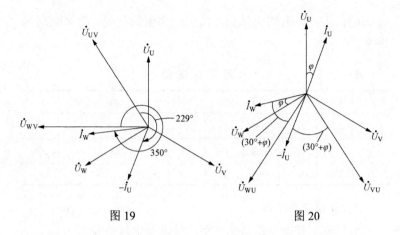

图 19   图 20

第一元件测量的功率：

$$P_1' = U_{VU}(-I_U)\cos(30° + \varphi)$$

第二元件测量的功率：

$$P_2' = U_{WU}I_W\cos(30° + \varphi)$$

在三相电路完全对称，两元件测量的总功率为：

$$P' = P_1' + P_2'$$
$$= U_{VU}(-I_U)\cos(30° + \varphi) + U_{WU}I_W\cos(30° + \varphi)$$

点评：该方法简便、快捷，在测量数据的过程中，能够很快地判断出 V 相电压和电压相序。

方法二： 用不对地测量电压的方法确定 V 相，分析判断错误接线

1. 测量操作步骤

测量方法和方法一基本相同，不同点是将方法一中对地测量相电压改为只需将相位表的红表笔触放在电能表表尾 U_1 的端子上，黑表表笔悬空测得一较小的电压值，再以同样的

方法测得 U_2 和 U_3 的电压值，其中一相值约为零。测量数据见表 9。

表 9   测 量 数 据 值

电流/A		电压/V				角度/（°）			
I_1	2.36	U_{12}	100	U_1	0	$\varphi_{U_{21}I_1}$	229	$\varphi_{U_{21}I_3}$	289
		U_{32}	99.7	U_2	4.2	$\varphi_{U_{31}I_1}$	289	$\varphi_{U_{31}I_3}$	350
I_3	2.36	U_{31}	99.9	U_3	4.2				

2. 数据分析步骤

通过表 8 和表 9 的数据比对，可以看出只是 U_{10}、U_{20}、U_{30} 和 U_1、U_2、U_3 的电压值不同，具体的分析步骤和方法一基本相同，U_1、U_2、U_3 的电压值近似为零，即为 V 相。

相量图的画法和错误接线时的功率表达式与方法一完全相同。

3. 实例分析（同方法一）

实例分析的具体方法和方法一完全相同。

点评：该方法与方法一的主要区别是，不对地进行任何电压的测量，来确定 V 相电压的位置。

方法三： 用测量线电压相位角的方法判断相序，分析判断错误接线

1. 测量操作步骤

（1）测量电流 I_1、I_3 的方法同方法一。

（2）测量线电压 U_{12}、U_{32}、U_{31} 的方法同方法一。

（3）测量角度时，相位表挡位旋转至 φ 的位置上，电流卡钳卡住电流进线 I_1，相位表的红表笔触放在电能表表尾 U_1 的端子上，黑表笔触放在 U_2 的端子上，测得 $U_{12}I_1$ 的夹角。然后，将电流卡

钳卡住电流进线 I_3，相位表的红表笔和黑表笔不动，测得 $U_{12}I_3$ 的夹角，并做记录。

（4）相位表挡位在 φ 挡上，将相位表的两组电压线（相位表一般都配两组 4 根电压测量线，一组线头是黑红色夹子，另一组是黑红色笔尖）分别插入相位表 U_1 侧和 U_2 侧相对应的两个孔内。将相位表 U_1 侧孔中的两根电压线（带夹子）分别夹住电能表 U_1、U_2 端子；然后将相位表 U_2 侧孔中的两根电压线（带笔尖）的红表笔、黑表笔分别触放在电能表表尾 U_3 和 U_2 的端子上，此时，测得的是 $U_{12}U_{32}$ 的角度，并做记录。

2. 数据分析步骤

（1）测量的 I_1 和 I_3 都有数据，且数值大小基本相同时，则说明电能表是在负载平衡的状态下运行的。

（2）测量的线电压 $U_{12}=U_{32}=U_{31}=100V$ 时，说明电能表电压正常，无电压断相、极性相反情况。

（3）画出基本相量图。

（4）电压相序的判断。若测得 U_{12} 和 U_{32} 的角度是 300°，则电压相序为正相序。若测得 U_{12} 和 U_{32} 的角度是 60°，则电压相序为逆相序（若是 30°、120°、240°、330°，则是 TV 极性反）。

（5）确定电流相序。根据测得的 $U_{12}I_1$ 的角度，在相量图上以 U_{12} 为基准顺时针旋转该角度，得到 I_1 在相量图上的位置。依同样的方法以 U_{32} 为基准得到 I_3 的位置。此时，可以根据 I_1 和 I_3 在相量图上的位置判断出电流的相序。

（6）确定电压相序。三相三线电能表 V 相是无电流的。根据相量图上的两个电流跟随的电压位置，可以看出无电流跟随的电压就是 V 相。此时，可以判断出电压相序。

（7）写出功率表达式。

3. 实例分析（同方法一）

错误现象为电能表表尾电压正相序 VUW；电流相序 $I_U I_W$；U 相 TA 极性反接；功率因数为感性。

（1）按照测量操作步骤测得数据，并将测量数据记录在表10中。

表 10   测 量 数 据 值

电流/A		电压/V		角度/（°）	
I_1	2.36	U_{12}	100	$\varphi_{U_{12}I_{32}}$	60
		U_{32}	99.7	$\varphi_{U_{12}I_1}$	49
I_3	2.36	U_{31}	99.9	$\varphi_{U_{12}I_3}$	108

（2）分析并确定电压相序：

1）因为 U_{12}=100V，$U_{32}\approx100$V，$U_{31}\approx100$V，可以断定电能表三相电压正常。

2）画出相量图。

依据 $\varphi_{U_{12}I_{32}}=60°$ 确定电压为逆相序，如图21所示。

3）确定电压相序，如图22所示。

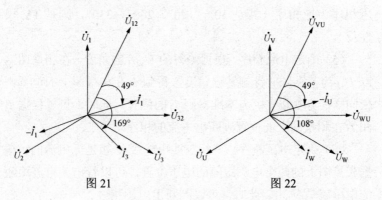

图 21   图 22

如图 21 所示，按照 $\varphi_{U_{12}I_1}=49°$，以 U_{12} 为基准顺时针旋转 $49°$，确定 I_1 的位置；再以 U_{12} 为基准顺时针旋转 $108°$，确定 I_3 的位置。可以看到 I_1 和 I_3 的夹角是 $60°$（两个电流极性相同是 $120°$，相反是 $60°$），说明两个电流极性相反。此时，试着以反方向改变 I_1 或 I_3，会看到改变 I_1 后，$-I_1$ 和 I_3 分别滞后 U_2 和 U_3，并且 U_3 和 I_3、U_2 和 $-I_1$ 的夹角基本相同且位置比较合理。如图 22 所示，无电流跟随的 U_1 即可确定为 V 相，同时可以确定该负载性质为感性。那么，电能表所接的电压相序为 VUW，电流相序为 $-I_UI_W$。

（3）画出错误相量图及功率表达式的方法和方法一相同。

点评：在使用该方法对电能表接线进行分析时，要求对相量图必须有较深刻的认知。特别是当出现电流极性相反时，能够做到合理分析，才能在确定两个电流和 V 相电压时做到准确无误。

方法四：用直接判断电能表表尾 U_1、U_2、U_3 电压相序的方法，分析判断错误接线

1. 测量操作步骤

（1）测量电能表表尾的电压值，并确定 V 相电压相量位置。将用于测量电压的红表笔和黑表笔分别插入相位表 U_1 对应的两个孔中（图 23），挡位旋转至 U_1 的 200V 位置上，分别测量电能表表尾 U_{12}、U_{23}、U_{31} 和 U_{10}、U_{20}、U_{30} 的值，并做记录，见表 11。根据表 11 中的值，首先排除了 TV 某相反接和断相，并确定了电能表表尾 U_1 为 V 相电压（$U_{10}=0V$）。

相位表相位接线如图 23 所示。

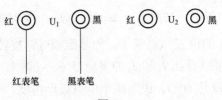

红 ◎ U_1 ◎ 黑　红 ◎ U_2 ◎ 黑

红表笔　　黑表笔

图 23

表 11			测 量 数 据 值			
电能表表尾位置	U_{12}	U_{32}	U_{31}	U_{10}	U_{20}	U_{30}
电压值/V	99.97	99.96	99.99	0	99.96	99.98

（2）测量电能表表尾电压相位，确定表尾 U_1、U_2、U_3 分别对应的是哪相电压及相序。

1）操作步骤分析：首先将相位表 U_1 的黑表笔与 U_2 的红表笔合并，接电能表表尾 V 相电压。其次，将相位表 U_1 的红表笔与 U_2 的黑表笔任意接表尾的另外两个电压位置，此时测量的 φ 值理论上应为 120°或 240°（实际值与其有出入，但相差不大）。当 φ 值为 120°左右时，相位表 U_1 的红表笔测量位置为 U 相电压，相位表 U_2 的黑表笔测量位置为 W 相电压；当 φ 值为 240°左右时，相位表 U_1 的红表笔测量位置为 W 相电压，相位表 U_2 的黑表笔测量位置为 U 相电压。

此测量方法，无论 V 相电压在电能表表尾的哪个位置，均将相位表的合并表笔与其相接。根据测量的 φ 值，直接判断出表尾 U_1、U_2、U_3 分别对应的是哪相电压，其表尾相序也一目了然。

2）实例操作：如图 24 所示，将相位伏安表挡位旋转至 φ 的位置上，把相位表 U_1 的黑表笔与 U_2 的红表笔合并后接电能表表尾的 U_1（V 相电压），相位表 U_1 的红表笔与 U_2 的黑表笔分别接表尾的 U_2 和 U_3，测量 φ 值，并做记录，见表 12。根据

表 12 中的值，判断出表尾的 U_2 为 U 相电压、U_3 为 W 相电压，即表尾 U_1、U_2、U_3 分别对应 V、U、W，为逆相序。

相位伏安表接线如图 24 所示。

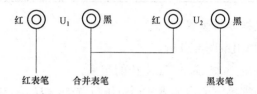

图 24

表 12   测 量 数 据 值

相位表笔位置	红表笔（接 U_1）、黑表笔（接 U_2）、合并表笔（接 U_3=V）
相位（φ）	$\varphi_{U_{13}U_{32}}$
	120.1°

（3）测量电能表表尾 I_1 和 I_3 的值。将用于测量电流测量钳插入相位表的 I_2。挡位旋转至 I_2 的 10A 位置上，分别测量电能表表尾 I_1 和 I_3 的值，并做记录，见表 13，根据表 13 值，判断电流基本平衡，无短路、断路。

表 13   测 量 数 据 值

测量项	I_1	I_3
测量值	1.499	1.495

（4）测量电能表表尾 U_{12}、U_{32} 分别与表尾 I_1 和 I_3 的相位值。

将用于测量电压的红表笔和黑表笔分别插入相位表 U_1 相对应的两个孔中，电流测量钳插入 I_2。挡位旋转至 φ 的位置上，分别测量 $\varphi_{U_{12}I_1}$、$\varphi_{U_{32}I_1}$ 和 $\varphi_{U_{12}I_3}$、$\varphi_{U_{32}I_3}$ 的值，并做记录，见表 14。

表 14   **测 量 数 据 值**

测量项	$\varphi_{U_{12}I_1}$	$\varphi_{U_{32}I_1}$	$\varphi_{U_{12}I_3}$	$\varphi_{U_{32}I_3}$
测量值	45.1°	345.5°	105.4°	45.2°

2. 数据分析步骤

（1）画相量图并分析。

1）画出 U_U、U_V、U_W 电压的相量。

2）根据确定的电能表表尾电压位置 $U_{12}=U_{VU}$、$U_{32}=U_{WU}$，画出 U_{12} 和 U_{32} 的电压相量。

3）根据表 14 中的值，分别以 U_{12}（U_{VU}）、U_{32}（U_{WU}）为基准，顺时针旋转 $\varphi_{U_{12}I_1}$ 和 $\varphi_{U_{32}I_1}$ 两个角度，旋转后两个角度基本重合在一起，该位置就是电流 I_1 在相量图上的位置。同样，顺时针旋转 $\varphi_{U_{12}I_3}$ 和 $\varphi_{U_{32}I_3}$ 的两个角度，得到电流 I_3 在相量图上的位置。

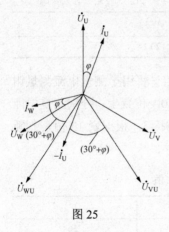

图 25

4）根据 I_1 和 I_3 在相量图上的位置，由于 I_1 和 I_3 夹角出现 60°，所以可以判断有一相电流极性反接，根据负荷性质，可判断 I_1 和 I_3 分别为（$-I_U$）和 I_W，确定了电能表表尾电流相序，如图 25 所示。

（2）写出错误接线时的电能表达式（以功率表示）。

因正确接线时，第一元件的电压为 U_{UV}，第二元件为 U_{WV}，实测电压相序为 VUW，第一元件实际电压是 U_{VU}，第二元件实际电压是 U_{WU}，所以此接线为错误接线。对两个元件所计量的电能分别进行分析，并设 P_1' 为第一元件错误计量的功率，

P_2' 为第二元件错误计量的功率。

第一元件测量的功率：
$$P_1' = U_{\mathrm{VU}}(-I_{\mathrm{U}})\cos(30° + \varphi)$$

第二元件测量的功率：
$$P_2' = U_{\mathrm{WU}}I_{\mathrm{W}}\cos(30° + \varphi)$$

在三相电路完全对称，两元件测量的总功率为：
$$P' = P_1' + P_2'$$
$$= U_{\mathrm{VU}}(-I_{\mathrm{U}})\cos(30° + \varphi) + U_{\mathrm{WU}}I_{\mathrm{W}}\cos(30° + \varphi)$$

点评：该方法简便、快捷，在测量数据的过程中，能够直接判断出电能表表尾的 U_1、U_2、U_3 分别对应的是哪相电压和电压相序。

另外，用此方法，在 TV 无反接无断相时，可直接判断电能表表尾的相序，即相位表 U_1 的红表笔接表尾的 U_1，相位表 U_1、U_2 的合并表笔接表尾的 U_2，相位表 U_2 的黑表笔接表尾的 U_3；当 φ 值为 120°左右时，为正相序，当 φ 值为 240°左右时，为逆相序。根据相序和 V 相在表尾的所处位置，直接判断出表尾 U_1、U_2、U_3 分别对应的是哪相电压。当不知道 V 相在表尾所处的位置时，无论正、逆相序均有 3 种接线方式，其结果相同。

错误现象为电能表表尾电压正相序 WUV；电流相序 I_W I_U；功率因数为容性

方法一：用对地测量电压的方法确定 V 相，确定电压相序，分析错误接线

1. 测量操作步骤

（1）将相位表用于测量电压的红表笔和黑表笔分别插入 U_1 侧对应的两个孔中。电流卡钳插入 I_2 孔中，相位表挡位应打在 I_2 的 10A 挡位上。将电流卡钳（按卡钳极性标志）依次分别卡住两相电流线，可测得 I_1 和 I_3 的电流值，并做记录。

（2）相位表挡位旋转至 U_1 侧的 200V 挡位上。此时，假设电能表表尾的三相电压端子分别是 U_1、U_2、U_3。将红表笔触放在表尾的 U_1 端子，黑表笔触放在 U_2 端子，可测得线电压 U_{12} 的电压值。按此方法再分别测得 U_{32} 和 U_{31} 的电压值，并做记录。

（3）将红表笔触放在电能表表尾 U_1 端，黑表笔触放在对地端（工作现场的接地线），可测得相电压 U_{10} 的电压值。然后，黑表笔不动，移动红表笔测得 U_{20} 和 U_{30} 的电压值，其中有一相为零，并做记录。

（4）相位表挡位旋转至 φ 的位置上，电流卡钳卡住 I_1 的电流进线。相位表的黑表笔触放在测得的相电压等于零的电压端子上，红表笔放在某一相电压端子上，测得与 I_1 相关的一个角度 φ_1；然后将红表笔再放在另一相电压端子上，又测得与 I_1 相关的一个角

度 φ_2。按此方法，将电流改变用 I_3 又可测得与 I_3 相关的两个角度 φ_3 和 φ_4。并做记录。

2. 数据分析步骤

（1）测得的电流 I_1 和 I_3 都有数值，且大小基本相同时，说明电能表无断流现象，是在负载平衡状态下运行的。

（2）测量的线电压 $U_{12}=U_{32}=U_{31}=100$V 时，说明电能表电压正常，无电压断相、极性相反情况。

（3）测量的相电压若其中两个值等于 100V，一个值等于零，说明电压值正常。并且其中等于零的那一相就是电能表实际接线中的 V 相。

（4）对测量的电压和电流的夹角进行比较。φ_1 和 φ_2 比较（或 φ_3 和 φ_4 比较），相位差 60°时，角度小的就是电能表实际接线中的 U 相电压，那么，另一相电压就是 W 相；相位差 300°时，角度大的就是电能表实际接线中的 U 相电压，那么，另一相电压就是 W 相，此时，电能表的实际电压相序就可以判断出来。

（5）画出相量图。在相量图上用测得的两组角度确定电流 I_1 和 I_3 的位置。在相量图上先用和 I_1 有关的两个实际线电压为基准，顺时针旋转 φ_1 和 φ_2 两个角度，旋转后两个角度基本重合在一起，该位置就是电流 I_1 在相量图上的位置。同样，顺时针旋转 φ_3 和 φ_4 两个角度，得到电流 I_3 在相量图上的位置，此时就可以确定电流的相序。

（6）依据判断出的电压相序和电流相序，可以做出错误接线的结论，并根据结论写出错误接线时的功率表达式。

3. 实例分析

错误现象为电能表表尾电压正相序 WUV；电流相序 $I_W I_U$，功率因数为容性。

图 26 是三相三线有功电能表的错误接线。电压 U_{UV} 与 U_{WV}

分别接于第一元件和第二元件电压线圈上。由于电压互感器二次侧互为反极性，使得 U 相元件电压线圈两端实际承受的电压为 U_{WU}，W 相元件电压线圈两端实际承受的电压则为 U_{VU}；电流因 U、W 电能表表尾端钮接错，造成第一元件电流线圈通入的电流为 I_W，第二元件通入的电流为 I_U。

（1）按照测量操作步骤测得数据，并将测量数据记录在表15中。

（2）分析并确定电压相序：

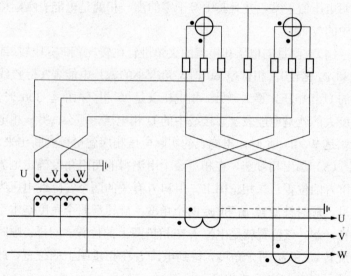

图 26

表 15 测 量 数 据 值

电流/A		电压/V				角度/（°）			
I_1	2.36	U_{12}	99.8	U_{10}	99.8	$\varphi_{U_{13}I_1}$	310	$\varphi_{U_{13}I_3}$	70
		U_{32}	100	U_{20}	100	$\varphi_{U_{23}I_1}$	250	$\varphi_{U_{23}I_3}$	10
I_3	2.36	U_{31}	99.9	U_{30}	0.1				

1）因为 $U_{12}=100V$，$U_{32}=100V$，$U_{31}=100V$，可以断定电能表三相电压正常。

2）确定 V 相位置。由于表 15 中 $U_{30}=0V$，故可断定电能表表尾 U_3 所接的电压为电能表的实际 V 相电压。

3）确定电压的相序。角度中 U_{13} 和 I_1 夹角等于 $310°$，U_{23} 和 I_1 的夹角等于 $250°$，比较两个角度，相位差 $60°$，角度小的即为 U 相，即电能表表尾 U_2 端子为实际接线中的 U 相。此时即可确定电能表所接的电压相序为 WUV。

（3）分析并确定电能表两个元件所通入的实际电流，如图 27 所示。

1）电能表电压相序为 WUV，可将表 15 中 $\varphi_{U_{13}I_1}=310°$、$\varphi_{U_{23}I_1}=250°$、$\varphi_{U_{13}I_3}=70°$、$\varphi_{U_{23}I_3}=10°$ 相应地替代为 $\varphi_{U_{WV}I_1}=310°$、$\varphi_{U_{UV}I_1}=250°$、$\varphi_{U_{WV}I_3}=70°$、$\varphi_{U_{UV}I_3}=10°$。

2）在相量图上，以实际电压 U_{WV} 为基准顺时针旋转 $310°$，再以实际电压 U_{UV} 为基准顺时针旋转 $250°$。两次落脚点重合，由此点按画相量的方法，在相量图上画出其相量方向，由此得到第一元件所通入的电流 I_1。

3）在相量图上，同样依步骤 2）分别按顺时针方向旋转 $70°$ 和 $10°$，即可得到第二元件所通入的电流 I_3。

4）根据三相三线电能表 V 相无电流和已判断出的电压相序 WUV，此时，在相量图上看到：I_1 和 I_3 分别超前 U_W 和 U_U 一个相同的角度，可以断定该错误接线为容性负载。那么，I_1 和 I_3 分别是 I_W 和 I_U。

（4）画出错误接线时的实测相量图，如图 27 所示。

（5）画出错误接线相量图，如图 28 所示。

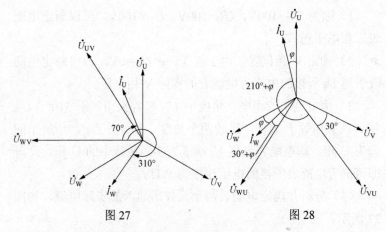

图 27　　　　　　　　　　　图 28

（6）写出错误接线时测得的电能（以功率表示）。正确接线时，第一元件的电压为 U_{UV}，第二元件为 U_{WV}。当错误接线时，由于电压相序为 WUV，那么第一元件的实际电压是 U_{WU}，第二元件的实际电压是 U_{VU}。对两个元件所计量的电能分别进行分析（以功率表示），并设 P'_1 为第一元件错误计量的功率，P'_2 为第二元件错误计量的功率。

第一元件测量的功率：

$$P'_1 = U_{WU} I_W \cos(30° + \varphi)$$

第二元件测量的功率：

$$P'_2 = U_{VU} I_U \cos(210° + \varphi)$$

在三相电路完全对称，两元件测量的总功率为：

$$\begin{aligned} P' &= P'_1 + P'_2 \\ &= U_{WU} I_W \cos(30° + \varphi) + U_{VU} I_U \cos(210° + \varphi) \end{aligned}$$

点评：该方法简便、快捷，在测量数据的过程中，能够很快判断出 V 相电压和电压相序。

方法二：用不对地测量电压的方法确定 V 相，分析判断错误接线

1. 测量操作步骤

测量方法和方法一基本相同，不同点是将方法一中对地测量相电压改为只需将相位表的红表笔触放在电能表表尾 U_1 的端子上，黑表表笔悬空测得一较小的电压值，再以同样的方法测得 U_2 和 U_3 的电压值，其中一相值约为零。测量数据见表 16。

表 16   **测 量 数 据 值**

电流/A		电压/V				角度/（°）			
I_1	2.36	U_{12}	99.8	U_1	4.1	$\varphi_{U_{13}I_1}$	φ_{310}	$\varphi_{U_{13}I_3}$	70
		U_{32}	100	U_2	4.2	$\varphi_{U_{23}I_1}$	φ_{250}	$\varphi_{U_{23}I_3}$	10
I_3	2.36	U_{31}	99.9	U_3	0.1				

2. 数据分析步骤

通过表 15 和表 16 的数据比对，可以看出只是 U_{10}、U_{20}、U_{30} 和 U_1、U_2、U_3 的电压值不同，具体的分析步骤和方法一基本相同，U_1、U_2、U_3 中电压值近似为零的，即为 V 相。

相量图的画法和错误接线时的功率表达式与方法一完全相同。

3. 实例分析（同方法一）

实例分析的具体方法和方法一完全相同。

> 点评：该方法与方法一的主要区别是：不对地进行电压测量，来确定 V 相电压的位置。

方法三：用测两线电压相位角的方法判断相序，分析判断错误接线

1．测量操作步骤

（1）测量电流 I_1、I_3 的方法同方法一。

（2）测量线电压 U_{12}、U_{32}、U_{31} 的方法同方法一。

（3）测量角度时，相位表挡位旋转至 φ 的位置上，电流卡钳卡住电流进线 I_1，相位表的红表笔触放在电能表表尾 U_1 的端子上，黑表笔触放在 U_2 的端子上，测得 $U_{12}I_1$ 的夹角。然后，将电流卡钳卡住电流进线 I_3，相位表的红表笔和黑表笔不动，测得 $U_{12}I_3$ 的夹角，并做记录。

（4）相位表挡位在 φ 挡上，将相位表的两组电压线（相位表一般都配两组 4 根电压测量线，一组线头是黑红色夹子，另一组是黑红色笔尖）分别插入相位表 U_1 侧和 U_2 侧对应的两个孔内。将相位表 U_1 侧孔中的两根电压线（带夹子）分别夹住电能表 U_1、U_2 端子；然后将相位表 U_2 侧孔中的两根电压线（带笔尖）的红表笔、黑表笔分别触放在电能表表尾 U_3 和 U_2 的端子上，此时，测得的是 $U_{12}U_{32}$ 的角度，并做记录。

2．数据分析步骤

（1）测量的 I_1 和 I_3 都有数据，且数值大小基本相同时，说明电能表是在负载平衡的状态下运行的。

（2）测量的线电压 $U_{12}=U_{32}=U_{31}=100V$ 时，说明电能表电压正常，无电压断相、极性相反情况。

（3）画出基本相量图。

（4）电压相序的判断。若测得 U_{12} 和 U_{32} 的角度是 300°，则电压相序为正相序。若测得 U_{12} 和 U_{32} 的角度是 60°，则电压相序为逆相序（若是 30°、120°、240°、330°，则是 TV 极

性反接）。

（5）确定电流相序。根据测得的 $U_{12}I_1$ 的角度，在相量图上以 U_{12} 为基准顺时针旋转该角度，得到 I_1 在相量图上的位置。依同样的方法以 U_{32} 为基准得到 I_3 的位置。此时，可以根据 I_1 和 I_3 在相量图上的位置判断出电流的相序。

（6）确定电压相序。三相三线电能表 V 相是无电流的。根据相量图上的两个电流跟随的电压位置，可以看出无电流跟随的电压就是 V 相。此时，可以判断出电压相序。

（7）写出功率表达式。

3．实例分析（同方法一）

错误现象为电能表表尾电压正相序 WUV；电流相序 $I_W I_U$；功率因数为感性。

（1）按照测量操作步骤测得数据，并将测量数据记录在表17 中。

表 17   **测 量 数 据 值**

电流/A		电压/V		角度/（°）	
I_1	2.36	U_{12}	99.8	$\varphi_{U_{12}I_{32}}$	300
		U_{32}	100	$\varphi_{U_{12}I_1}$	10
I_3	2.36	U_{31}	99.9	$\varphi_{U_{12}I_3}$	130

（2）分析并确定电压相序：

1）因为 $U_{12}\approx100V$，$U_{32}=100V$，$U_{31}\approx100V$，可以断定电能表三相电压正常。

2）画出基本相量图。

依据 $\varphi_{U_{12}I_{32}}=300°$ 确定电压为正相序，如图 29 所示。

3）确定电压相序，如图 30 所示。

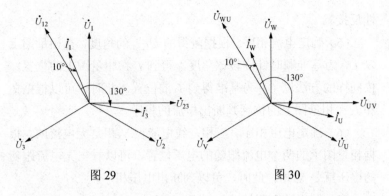

图 29   图 30

如图 29 所示，按照 $\varphi_{U_{12}I_1} = 10°$ 和 $\varphi_{U_{12}I_3} = 130°$，先以 U_{12} 为基准顺时针旋转 10°，确定 I_1 的位置；再以 U_{12} 为基准顺时针旋转 130°，确定 I_3 的位置。可以看到 I_1 超前 U_1，I_3 超前 U_2，U_1 和 I_1、U_2 和 I_3 的夹角基本相同且都超前跟随的相电压，此时，可以确定该负荷性质为容性，且无电流跟随的 U_3 即可确定为 V 相。那么，电能表所接的电压相序为 WUV，如图 30 所示。

（3）画出错误相量图及功率表达式的方法和方法一相同。

> 点评：在使用方法三对电能表接线进行分析时，要求对相量图要有较深刻的认知，才能在确定两个电流和 V 相电压时做到准确无误。

方法四：用直接判断电能表表尾 U_1、U_2、U_3 电压相序的方法，分析判断错误接线

1. 测量操作步骤

（1）测量电能表表尾的电压值，并确定 V 相电压位置。

将用于测量电压的红表笔和黑表笔分别插入相位表 U_1 对应的两个孔中（图 31），挡位旋转至 U_1 的 200V 位置上，分别测量电能表表尾 U_{12}、U_{23}、U_{31} 和 U_{10}、U_{20}、U_{30} 的值，并做记

录，见表 18。根据表 18 中的值，首先排除了 TV 某相反接和断相，并确定了电能表表尾 U_3 为 V 相电压（$U_{30}=0V$）。

相位表相位接线如图 31 所示。

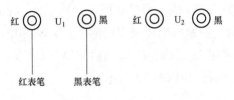

图 31

表 18		测 量 数 据 值				
电能表表尾位置	U_{12}	U_{32}	U_{31}	U_{10}	U_{20}	U_{30}
电压值/V	99.97	99.96	99.99	99.99	99.96	0

（2）测量电能表表尾电压相位，确定表尾 U_1、U_2、U_3 分别对应的是哪相电压及相序。

1）操作步骤分析：首先将相位表 U_1 的黑表笔与 U_2 的红表笔合并，接电能表表尾 V 相电压。其次，将相位表 U_1 的红表笔与 U_2 的黑表笔任意接电能表表尾的另外两个电压位置，此时测量的 φ 值理论上应为 120° 或 240°（实际值与其有出入，但相差不大）。当 φ 值为 120° 左右时，相位表 U_1 的红表笔测量位置为 U 相电压，相位表 U_2 的黑表笔测量位置为 W 相电压；当 φ 值为 240° 左右时，相位表 U_1 的红表笔测量位置为 W 相电压，相位表 U_2 的黑表笔测量位置为 U 相电压。

此测量方法，无论 V 相电压在电能表表尾的哪个位置，均将相位表的合并表笔与其相接。根据测量的 φ 值，可直接判断出表尾 U_1、U_2、U_3 分别对应的是哪相电压，其表尾相序也一目了然。

2）实例操作：如图 32 所示，将相位伏安表挡位旋转至 φ 的位置上，把相位表 U_1 的黑表笔与 U_2 的红表笔合并后接电能表表尾的 U_3（V 相电压），相位表 U_1 的红表笔与 U_2 的黑表笔分别接表尾的 U_1 和 U_2，测量 φ 值，并做记录，见表 19。根据表 19 中的值，判断出电能表表尾的 U_1 为 W 相电压、U_2 为 U 相电压，即表尾 U_1、U_2、U_3 分别对应 W、U、V，为正相序。

相位伏安表接线如图 32 所示。

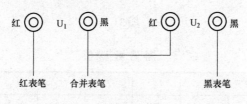

图 32

表 19　　　　　　　**测 量 数 据 值**

相位表表笔位置	红表笔（接 U_1）、黑表笔（接 U_2）、合并表笔（接 U_3=V）
相位（φ）	$\varphi_{U_{13}U_{32}}$
	240.1°

（3）测量电能表表尾 I_1 和 I_3 的值。将用于测量电流的测量钳插入相位表的 I_2。挡位旋转至 I_2 的 10A 位置上，分别测量表尾 I_1 和 I_3 的值，并做记录，见表 20，根据表 20 中的值判断电流基本平衡，无短路、断路。

表 20　　　　　　　**测 量 数 据 值**

测量项	I_1	I_3
测量值	1.499	1.495

（4）测量电能表表尾 U_{12}、U_{32} 分别与表尾 I_1 和 I_3 的相位值。

将用于测量电压的红表笔和黑表笔分别插入相位表 U_1 对应的两个孔中，电流测量钳插入 I_2。挡位旋转至 φ 的位置上，分别测量 $\varphi_{U_{12}I_1}$、$\varphi_{U_{32}I_1}$ 和 $\varphi_{U_{12}I_3}$、$\varphi_{U_{32}I_3}$ 的值，并做记录，见表21。

表 21　　　　　　　　　　　测 量 数 据 值

测量项	$\varphi_{U_{12}I_1}$	$\varphi_{U_{32}I_1}$	$\varphi_{U_{12}I_3}$	$\varphi_{U_{32}I_3}$
测量值	15.2°	75.2°	135.1°	195.1°

2. **数据分析步骤**

（1）画相量图并分析。

1）画出 U_U、U_V、U_W 电压的相量。

2）根据确定的电能表表尾电压位置 $U_{12}=U_{WU}$、$U_{32}=U_{VU}$，画出 U_{12} 和 U_{32} 的电压相量。

3）根据表21中的值，分别以 U_{12}（U_{WU}）、U_{32}（U_{VU}）为基准，顺时针旋转 $\varphi_{U_{12}I_1}$ 和 $\varphi_{U_{32}I_1}$ 两个角度，旋转后两个角度基本重合在一起，该位置就是电流 I_1 在相量图上的位置。同样，顺时针旋转 $\varphi_{U_{12}I_3}$ 和 $\varphi_{U_{32}I_3}$ 的两个角度，得到电流 I_3 在相量图上的位置。

4）根据 I_1 和 I_3 在相量图上的位置，判断 I_1 和 I_3 分别为 I_U 和 I_w，确定了电能表表尾电流相序，如图33所示。

（2）写出错误接线时的电能表达式（以功率表示）。

因正确接线时，第一元件的电压为 U_{UV}，第二元件为 U_{WV}，实测电压相序为 WUV，第一元件实际电压是 U_{WU}，第二元件实际电

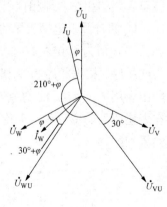

图 33

压是 U_{VU}，所以此接线为错误接线。对两个元件所计量的电能分别进行分析，并设 P_1' 为第一元件错误计量的功率，P_2' 为第二元件错误计量的功率。

第一元件测量的功率：

$$P_1' = U_{WU} I_W \cos(30° + \varphi)$$

第二元件测量的功率：

$$P_2' = U_{VU} I_U \cos(210° + \varphi)$$

在三相电路完全对称，两元件测量的总功率为：

$$P' = P_1' + P_2'$$
$$= U_{WU} I_W \cos(30° + \varphi) + U_{VU} I_U \cos(210° + \varphi)$$

点评：该方法简便、快捷，在测量数据的过程中，能够直接判断出电能表表尾的 U_1、U_2、U_3 分别对应的是哪相电压和电压相序。

另外，用此方法，在 TV 无反接无断相时，可直接判断电能表表尾的相序，即相位表 U_1 的红表笔接表尾的 U_1、相位表 U_1、U_2 的合并表笔接表尾的 U_2、相位表 U_2 的黑表笔接表尾的 U_3；当 φ 值为 120°左右时，为正相序，当 φ 值为 240°左右时，为逆相序。根据相序和 V 相在电能表表尾的所处位置，直接判断出表尾 U_1、U_2、U_3 分别对应的是哪相电压。当不知道 V 相在表尾所处的位置时，无论正、逆相序均有 3 种接线方式，其结果相同。

错误现象为电能表表尾电压逆相序 UWV；电流相序 I_UI_W；W 相电流极性反接；功率因数为容性

方法一：用对地测量电压的方法确定 V 相，确定电压相序，分析错误接线

图 34 是三相三线有功电能表的错误接线。电压 U_{UV} 与 U_{WV} 分别接于第一元件和第二元件电压线圈上。由于电压互感器二次侧互为反极性，使得 U 相元件电压线圈两端实际承受的电压为 U_{UW}；W 相元件电压线圈两端实际承受的电压为 U_{VW}；第一元件电流线圈通入的电流为 I_U，电流因 W 相 TA 二次极性反接，造成第二元件电流线圈通入的电流为 $-I_W$。

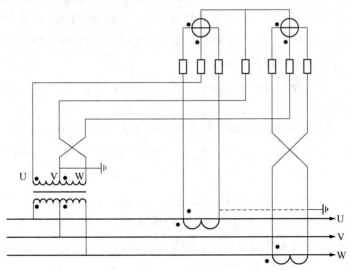

图 34

（1）按照测量操作步骤测得数据，并将测量数据记录在表22中。

表22 测 量 数 据 值

电流/A		电压/V				角度/（°）			
I_1	2.36	U_{12}	99.8	U_{10}	99.8	$\varphi_{U_{13}I_1}$	10	$\varphi_{U_{13}I_3}$	70
		U_{32}	100	U_{20}	100	$\varphi_{U_{23}I_1}$	70	$\varphi_{U_{23}I_3}$	130
I_3	2.36	U_{31}	99.9	U_{30}	0.1				

（2）分析并确定电压相序：

1）因为 $U_{12}\approx100V$，$U_{32}=100V$，$U_{31}\approx100V$ 可以断定电能表三相电压正常。

2）确定 V 相位置。由于表 22 中 $U_{30}=0V$，即可断定电能表表尾 U_3 所接的电压为电能表的实际 V 相电压。

3）确定电压的相序。角度中 U_{13} 和 I_1 夹角等于 10°，U_{23} 和 I_1 的夹角等于 70°，比较两个角度，角度小的即为 U 相，即电能表表尾 U_1 端子为实际接线中的 U 相。此时即可确定电能表所接的电压相序为 UWV。

（3）分析并确定电能表两个元件所通入的实际电流，如图 4-2 所示。

1）电能表电压相序为 UWV，可将表 22 中 $\varphi_{U_{13}I_1}=10°$、$\varphi_{U_{23}I_1}=70°$、$\varphi_{U_{13}I_3}=70°$、$\varphi_{U_{23}I_3}=130°$ 相应地替代为 $\varphi_{U_{UV}I_1}=10°$、$\varphi_{U_{WV}I_1}=70°$、$\varphi_{U_{UV}I_3}=70°$、$\varphi_{U_{WV}I_3}=130°$。

2）在相量图上，以实际电压 U_{UV} 为基准顺时针旋转 10°，再以实际电压 U_{WV} 为基准顺时针旋转 70°。两次落脚点重合，由此点按画相量的方法，在相量图上画出其相量方向，由此得到第一元件所通入的电流 I_1。

3）在相量图上，同样依步骤 2）分别按顺时针方向旋转 70°和 130°，即可得到第二元件所通入的电流 I_3。

4）在相量图上可以看到：I_1 和 I_3 的夹角是 60°，这只能说明两个电流极性相反，还确定不了电流的相序。此时，应试着分别画出 $-I_1$ 和 $-I_3$。当画出 $-I_1$ 时，发现 $-I_1$ 和 I_3 分别滞后 U_U 和 U_V 一个相同的角度，根据三相三线电能表 V 相无电流，可以确定 $-I_1$ 的位置是错误的。当画出 $-I_3$ 时发现 I_1 和 $-I_3$ 分别超前 U_U 和 U_W 一个相同的角度，可以断定该错误接线为容性负载。那么，I_1 和 $-I_3$ 就是 I_U 和 I_W。

（4）画出错误接线时的实测相量图，如图 35 所示。

（5）画出错误接线相量图，如图 36 所示。

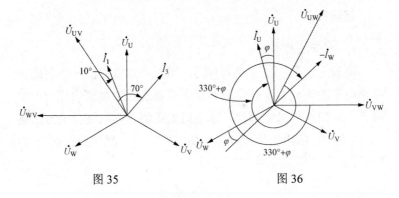

图 35　　　　　　　　　图 36

（6）写出错误接线时测得的电能（以功率表示）：

正确接线时，第一元件的电压为 U_{UV}，第二元件为 U_{WV}。当错误接线时，由于电压相序为 UWV，那么第一元件的实际电压是 U_{UW}，第二元件的实际电压是 U_{VW}。对两个元件所计量的电能分别进行分析（以功率表示），并设 P_1' 为第一元件错误计量的功率，P_2' 为第二元件错误计量的功率。

第一元件测量的功率：

$$P_1' = U_{UW}I_U \cos(330° + \varphi)$$

第二元件测量的功率：

$$P_2' = U_{VW}(-I_W)\cos(330° + \varphi)$$

在三相电路完全对称，两元件测量的总功率为：

$$\begin{aligned}P' &= P_1' + P_2' \\ &= U_{UW}I_U\cos(330° + \varphi) + U_{VW}(-I_W)\cos(330° + \varphi)\end{aligned}$$

点评：该方法简便、快捷，在测量数据的过程中，就能够很快判断出 V 相电压和电压相序。

方法二：用不对地测量电压的方法确定 V 相，分析判断错误接线

1. 测量操作步骤

测量方法和方法一基本相同，不同点是将方法一中对地测量相电压改为只需将相位表的红表笔触放在电能表表尾 U_1 的端子上，黑表笔悬空测得一较小的电压值，再以同样的方法测得 U_2 和 U_3 的电压值，其中一相值约为零。测量数据如表 23 所示。

表 23　　　　　　　　测量数据值

电流/A		电压/V				角度/（°）			
I_1	2.36	U_{12}	99.8	U_1	4.1	$\varphi_{U_{13}I_1}$	10	$\varphi_{U_{13}I_3}$	70
		U_{32}	100	U_2	4.2	$\varphi_{U_{23}I_1}$	70	$\varphi_{U_{23}I_3}$	130
I_3	2.36	U_{31}	99.9	U_3	0				

2. 数据分析步骤

通过表 22 和表 23 的数据比对，可以看出只是 U_{10}、U_{20}、

50

U_{30} 和 U_1、U_2、U_3 的电压值不同，具体的分析步骤和方法一基本相同，U_1、U_2、U_3 中电压值近似为零的，即为 V 相。

相量图的画法和错误接线时的功率表达式与方法一完全相同。

3. 实例分析（同方法一）

实例分析的具体方法和方法一完全相同。

点评：该方法与方法一的主要区别是：不对地进行电压测量，来确定 V 相电压的位置。

方法三： 用测量线电压相位角的方法判断相序，分析判断错误接线

1. 测量操作步骤

（1）测量电流 I_1、I_3 的方法同方法一。

（2）测量线电压 U_{12}、U_{32}、U_{31} 的方法同方法一。

（3）测量角度时，相位表挡位旋转至 φ 的位置上，电流卡钳卡住电流进线 I_1，相位表的红表笔触放在电能表表尾 U_1 的端子上，黑表笔触放在 U_2 的端子上，测得 $U_{12}I_1$ 的夹角。然后，将电流卡钳卡住电流进线 I_3，相位表的红表笔和黑表笔不动，测得 $U_{12}I_3$ 的夹角，并做记录。

（4）相位表挡位在 φ 挡上，将相位表的两组电压线（相位表一般都配两组 4 根电压测量线，一组线头是黑红色夹子，另一组是黑红色笔尖）分别插入相位表 U_1 侧和 U_2 侧对应的两个孔内。将相位表 U_1 侧孔中的两根电压线（带夹子）分别夹住电能表 U_1、U_2 端子；然后将相位表 U_2 侧孔中的两根电压线（带笔尖）的红表笔、黑表笔分别触放在电能表表尾 U_3 和 U_2 的端子上，此时，测得的是 $U_{12}U_{32}$ 的角度，并做记录。

2. 数据分析步骤

（1）测量的 I_1 和 I_3 都有数据，且数值大小基本相同时，说明电能表是在负载平衡的状态下运行的。

（2）测量的线电压 $U_{12}=U_{32}=U_{31}=100V$ 时，说明电能表电压正常，无电压断相、极性相反情况。

（3）画出基本相量图。

（4）电压相序的判断。若测得 U_{12} 和 U_{32} 的角度是 300°，则电压相序为正相序。若测得 U_{12} 和 U_{32} 的角度是 60°，则电压相序为逆相序（若是 30°、120°、240°、330°，则是 TV 极性反接）。

（5）确定电流相序。根据测得的 $U_{12}I_1$ 的角度，在相量图上以 U_{12} 为基准顺时针旋转该角度，得到 I_1 在相量图上的位置。依同样的方法以 U_{32} 为基准得到 I_3 的位置。此时，可以根据 I_1 和 I_3 在相量图上的位置判断出电流的相序。

（6）确定电压相序。三相三线电能表 V 相是无电流的。根据相量图上的两个电流跟随的电压位置，可以看出无电流跟随的电压就是 V 相。此时，可以判断出电压相序。

（7）写出功率表达式。

3. 实例分析（同方法一）

错误现象为电能表表尾电压正相序 UWV；电流相序为 I_U、$-I_W$；功率因数为容性。

（1）按照测量操作步骤测得数据，并将测量数据记录在表 24 中。

表 24   **测 量 数 据 值**

电流/A		电压/V		角度/（°）	
I_1	2.36	U_{12}	99.8	$\varphi_{U_{12}I_{32}}$	61
		U_{32}	100	$\varphi_{U_{12}I_1}$	310

电流/A		电压/V		角度/（°）	
I_3	2.36	U_{31}	99.9	$\varphi_{U_{12}I_3}$	10

（2）分析并确定电压相序：

1）因为 U_{12}=100V，U_{32}=100V，U_{31}=100V，可以断定电能表三相电压正常。

2）画出基本相量图。依据 $\varphi_{U_{12}I_{32}}$ = 60° 确定电压为逆相序，如图 37 所示。

3）确定电压相序。按照 $\varphi_{U_{12}I_1}$ = 310° 和 $\varphi_{U_{12}I_3}$ = 10°，先以 U_{12} 为基准顺时针旋转 310°，确定 I_1 的位置；再以 U_{12} 为基准顺时针旋转 10°，确定 I_3 的位置。

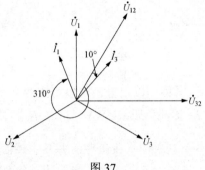

图 37

可以看到 I_1 和 I_3 的夹角是 60°，这说明两个电流的极性相反，但还确定不了电流的相序。此时，应试着分别画出-I_1 和-I_3。当画出-I_1 时发现-I_1 和 I_3 分别滞后 U_3 和 U_1 一个相同的角度，可以断定该错误接线为感性负载。又根据三相三线电能表 V 相无电流，可以确定 U_2 为 V 相，那么 U_1 和 U_3 分别是 W 相和 U 相，即电压相序为 WVU。那么，-I_1 和 I_3 分别是-I_U 和 I_W，如图 38 所示。

当画出-I_3 时发现 I_1 和-I_3 分别超前 U_1 和 U_2 一个相同的角度，可以断定该错误接线为容性负载。又根据三相三线电能表 V 相无电流，可以确定 U_3 为 V 相，那么 U_1 和 U_2 分别是 U 相和 W 相，即电压相序为 UWV。那么，I_1 和-I_3 分别是 I_U 和-I_W，如图 39 所示。

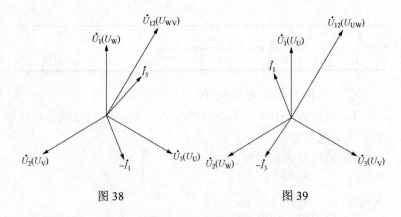

图 38   图 39

根据以上分析可以得到两个完全不同的结论：WVU，$-I_\mathrm{U}$、I_W 感性负载；UWV，I_U、$-I_\mathrm{W}$ 容性负载。

点评：在使用方法三对电能表接线进行分析时，若负载为容性且电流极性相反时，会出现多个结论。所以，方法三的使用是有局限性的。

方法四：用直接判断电能表表尾 U_1、U_2、U_3 电压相序的方法，分析判断错误接线

1. 测量操作步骤

（1）测量电能表表尾的电压值，并确定 V 相电压位置。

将用于测量电压的红表笔和黑表笔分别插入相位表 U_1 对应的两个孔中（图 40），挡位旋转至 U_1 的 200V 位置上，分别测量电能表表尾 U_{12}、U_{23}、U_{31} 和 U_{10}、U_{20}、U_{30} 的值，并做记录，见表 25。根据表 25 中的值，首先排除了 TV 某相反接和断相，并确定了表尾 U_3 为 V 相电压（$U_{30}=0\mathrm{V}$）。

相位表相位接线如图 40 所示。

图 40

表 25 测 量 数 据 值

电能表表尾位置	U_{12}	U_{32}	U_{31}	U_{10}	U_{20}	U_{30}
电压值/V	99.97	99.96	99.99	99.99	99.96	0

（2）测量电能表表尾电压相位，确定表尾 U_1、U_2、U_3 分别对应的是哪相电压及相序。

1）操作步骤分析：首先将相位表 U_1 的黑表笔与 U_2 的红表笔合并，接电能表表尾 V 相电压。其次，将相位表 U_1 的红表笔与 U_2 的黑表笔任意接表尾的另外两个电压位置，此时测量的 φ 值理论上应为 120°或 240°（实际值与其有出入，但相差不大）。当 φ 值为 120°左右时，相位表 U_1 的红表笔测量位置为 U 相电压，相位表 U_2 的黑表笔测量位置为 W 相电压；当 φ 值为 240°左右时，相位表 U_1 的红表笔测量位置为 W 相电压，相位表 U_2 的黑表笔测量位置为 U 相电压。

此测量方法，无论 V 相电压在电能表表尾的哪个位置，均将相位表的合并表笔与其相接。根据测量的 φ 值，可直接判断出电能表表尾 U_1、U_2、U_3 分别对应的是哪相电压，其表尾相序也一目了然。

2）实例操作：如图 41 所示，将相位伏安表挡位旋转至 φ 的位置上，把相位表 U_1 的黑表笔与 U_2 的红表笔合并后接电能表表尾的 U_3（V 相电压），相位表 U_1 的红表笔与 U_2 的黑表笔分别接表尾的 U_1 和 U_2，测量 φ 值，并做记录，见表 26。根据

表 26 中的值，判断出电能表表尾的 U_1 为 U 相电压、U_2 为 W 相电压，即表尾 U_1、U_2、U_3 分别对应 U、W、V，为正相序。

相位伏安表接线如图 41 所示。

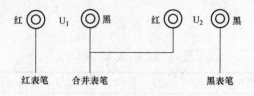

图 41

表 26　　　　　　　　　测量数据值

相位表表笔位置	红表笔（接 U_1）、黑表笔（接 U_2）、合并表笔（接 U_3=V）
相位（φ）	$\varphi_{U_{13}U_{32}}$
	120.1°

（3）测量电能表表尾 I_1 和 I_3 的值。

将用于测量电流测量钳插入相位表的 I_2。挡位旋转至 I_2 的 10A 位置上，分别测量电能表表尾 I_1 和 I_3 的值，并做记录，见表 27，根据表 27 中的值，判断电流基本平衡，无短路、断路。

表 27　　　　　　　　　测量数据值

测量项	I_1	I_3
测量值	1.499	1.495

（4）测量电能表表尾 U_{12}、U_{32} 分别与表尾 I_1 和 I_3 的相位值。

将用于测量电压的红表笔和黑表笔分别插入相位表 U_1 对应的两个孔中，电流测量钳插入 I_2。挡位旋转至 φ 的位置上，分别测量 $\varphi_{U_{12}I_1}$、$\varphi_{U_{32}I_1}$ 和 $\varphi_{U_{12}I_3}$、$\varphi_{U_{32}I_3}$ 的相位值，并做记录，见表 28。

测量项	$\varphi_{U_{12}I_1}$	$\varphi_{U_{32}I_1}$	$\varphi_{U_{12}I_3}$	$\varphi_{U_{32}I_3}$
测量值	314.5°	255.1°	15.2°	315.1°

表 28　　　　　　　　　　测 量 数 据 值

2. 数据分析步骤

（1）画相量图并分析。

1）画出 U_U、U_V、U_W 电压的相量。

2）根据确定的表尾电压位置 U_{12}=U_{UW}、U_{32}=U_{VW}，画出 U_{12} 和 U_{32} 的电压相量。

3）根据表 28 中的值，分别以 U_{12}（U_{UW}）、U_{32}（U_{VW}）为基准，顺时针旋转 $\varphi_{U_{12}I_1}$ 和 $\varphi_{U_{32}I_1}$ 两个角度，旋转后两个角度基本重合在一起，该位置就是电流 I_1 在相量图上的位置。同样，顺时针旋转 $\varphi_{U_{12}I_2}$ 和 $\varphi_{U_{32}I_2}^-$ 的两个角度，得到电流 I_3 在相量图上的位置。

4）由于 I_1 和 I_3 出现 60°夹角，所以有一相电流极性反接，根据 I_1 和 I_3 在相量图上的位置及负荷性质，可判断 I_1 和 I_2 分别为 I_U 和$-I_W$，确定了电能表表尾电流相序，如图 42 所示。

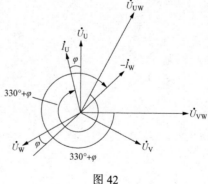

图 42

（2）写出错误接线时的电能表达式（以功率表示）。

正确接线时，第一元件的电压为 U_{UV}，第二元件为 U_{WV}。当错误接线时，由于电压相序为 UWV，那么第一元件的实际电压是 U_{UW}，第二元件的实际电压是 U_{VW}。对两个元件所计量的电能分别进行分析（以功率表示），并设 P'_1 为第一元件错误计量的功率，P'_2 为第二元件错误计量的功率。

第一元件测量的功率：

$$P'_1 = U_{UW} I_U \cos(330° + \varphi)$$

第二元件测量的功率：

$$P'_2 = U_{VW}(-I_W)\cos(330° + \varphi)$$

在三相电路完全对称，两元件测量的总功率为：

$$P' = P'_1 + P'_2$$
$$= U_{UW} I_U \cos(330° + \varphi) + U_{VW}(-I_W)\cos(330° + \varphi)$$

点评：该方法简便、快捷，在测量数据的过程中，能够直接判断出电能表表尾的 U_1、U_2、U_3 分别对应的是哪相电压和电压相序。

实例五

错误现象为电能表表尾电压正相序 VWU；电流相序 I_U I_W；TV 二次侧 U 相极性反接；功率因数为感性

方法一： 用对地测量电压的方法确定 V 相，分析 TV 二次侧极性反接时的错误接线

1. 测量操作步骤

（1）将相位表用于测量电压的红表笔和黑表笔分别插入 U_1 侧相对应的两个孔中。电流卡钳插入 I_2 孔中，相位表挡位应打在 I_2 的 10A 挡位上。将电流卡钳（按卡钳极性标志）依次分别卡住两相电流线，可测得 I_1 和 I_3 的电流值，并做记录。

（2）相位表挡位旋转至 U_1 侧的 200V 挡位上。此时，假设电能表表尾的三相电压端子分别是 U_1、U_2、U_3。将红表笔触放在表尾的 U_1 端子，黑表笔触放在 U_2 端子，可测得线电压 U_{12} 的电压值。按此方法再分别测得 U_{32} 和 U_{31} 的电压值，并做记录。

（3）将红表笔触放在表尾 U_1 端，黑表笔触放在对地端（工作现场的接地线），可测得相电压 U_{10} 的电压值。然后，黑表笔不动，移动红表笔测得 U_{20} 和 U_{30} 的电压值，其中有一相为零，并做记录。

（4）相位表挡位旋转至 φ 的位置上，电流卡钳卡住 I_1 的电流进线。相位表的黑表笔触放在测得的相电压等于零的电压端子上，红表笔放在某一相电压端子上，测得与 I_1 相关的一个角度 φ_1；然后将红表笔再放在另一相电压端子上，又测得与 I_1 相

关的一个角度 φ_2。按此方法，将电流改变用 I_3 又可测得与 I_3 相关的两个角度 φ_3 和 φ_4，并做记录。

2. 数据分析步骤

（1）测得的电流 I_1 和 I_3 都有数值，且大小基本相同时，说明电能表无断流现象，是在负载平衡状态下运行的。

（2）当测得某一个线电压值是 173V 时，说明接入电能表的电压有 TV 二次侧极性反接现象。

（3）若测量的相电压其中两个值是 100V，一个值是零，说明电压无断相，且电压值为零的是电能表实际接线的 V 相电压。

（4）确定电压相序。

1）以电压正常相和 V 相分别与 I_1 和 I_3 测量，得到两个角度 φ_1 和 φ_2。

2）在相量图上，分别以 U_{UV} 和 U_{WV} 为基准顺时针旋转 φ_1 和 φ_2，得到两组 I_1 和 I_3 的位置。进行比较，以位置更合理的一组来确定电压和电流的相序。

（5）确定接线组别。

1）若 TV 二次侧极性反接相与 V 相有关，则线电压下标顺序颠倒。例如，U_{UV} 应写成 U_{VU}。

2）如果 TV 二次侧极性反接相与 V 相无关，则线电压下标顺序不变，应在反相电压上加 "'"。如：W 相极性反接应写成 $U_{UW'}$，U 相极性反接应写成 $U_{U'W}$。

3）当线电压为 $U_{X'X}$ 时，在相量图上该线电压应画在 U_V 的延长线上，功率表达式应为 $\sqrt{3}\,U$。

4）当线电压为 $U_{XX'}$ 时，在相量图上该线电压应画在 $-U_V$ 的延长线上，功率表达式应为 $\sqrt{3}\,U$。

（6）画出相量图。

（7）依据判断出的电压相序和电流相序，可以做出错误接线的结论，并根据结论写出错误接线时的功率表达式。

3. 实例分析

错误现象为电能表表尾电压正相序 VWU；电流相序 I_UI_W；TV 二次侧 U 相极性反接；功率因数为感性。

图 43 是三相三线有功电能表的错误接线。电压 U_{UV} 与 U_{WV} 分别接于第一元件和第二元件电压线圈上。由于电压互感器二次侧互为反极性，且 TV 二次侧 U 相极性反接，使得 U 相元件电压线圈两端实际承受的电压为 U_{WV}；W 相元件电压线圈两端实际承受的电压则为 $U_{U'W}$；第一元件和第二元件电流线圈通入的电流分别为 I_U 和 I_W。

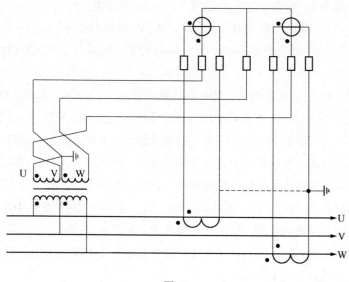

图 43

（1）按照测量操作步骤测得数据，并将测量数据记录在表29 中。

表 29　　　　　　　　　　测 量 数 据 值

电流/A		电压/V				角度/（°）		
I_1	2.36	U_{12}	99.8	U_{10}	0	$\varphi_{U_{21}I_1}$	109	$\varphi_{U_{21}I_3}$	350
		U_{32}	172	U_{20}	99.9	$\varphi_{U_{31}I_1}$	229	$\varphi_{U_{31}I_3}$	109
I_3	2.36	U_{31}	99.9	U_{30}	98.9				

（2）分析并确定电压相序：

1）由 U_{32}=172V 可以断定电能表有 TV 二次侧极性反接现象。

2）确定 V 相位置。由于表 29 中 U_{10}=0V，故可断定电能表表尾 U_1 所接的电压为电能表的实际 V 相电压。

3）确定反相电压。U_1 确定为 V 相后，由于 U_{32} 和 U_{31} 的下标中都含有数字 3，且 U_{32}=172V，所以判定 U_3 为极性反接。

4）确定电压相序。判定 U_3 为极性反接相后，U_2 即为正常相。表 29 中只有 $U_{21}I_1$ 和 $U_{21}I_3$ 的角度可以采用。如图 45 所示，在相量图上，以实际电压 U_{UV} 为基准顺时针旋转 109°，由此点按画相量的方法，在相量图上画出其相量方向，得到第一元件所通入的电流 I_1。同样按顺时针方向旋转 350°即可得到第二元件所通入的电流 I_3。如图 46 所示，再以实际电压 U_{WV} 为基准顺时针旋转 109°，由此点按画相量的方法，在相量图上画出其相量方向，得到第一元件所通入的电流 I_1。同样按顺时针方向旋转 350°即可得到第二元件所通入的电流 I_3。

5）经过分析比较以 U_{WV} 为基准画出的两个电流位置较合理，即 U_{21} 为 U_{WV}。所以，电压相序为 VWU。

（3）分析并确定电能表两个元件所通入的实际电流，如图 46 所示。

1）确定 U_{21} 为 U_{WV}，可将表 29 中 $\varphi_{U_{21}I_1}=109°$、$\varphi_{U_{21}I_3}=350°$ 相应地替代为 $\varphi_{U_{WV}I_1}=109°$、$\varphi_{U_{WV}I_3}=350°$。

2）在相量图上，以实际电压 U_{WV} 为基准顺时针旋转 109°，由此得到第一元件所通入的电流 I_U。同样按顺时针方向旋转 350°，即可得到第二元件所通入的电流 I_W。

（4）画出错误接线时的实测相量图，如图 44 和图 45 所示。

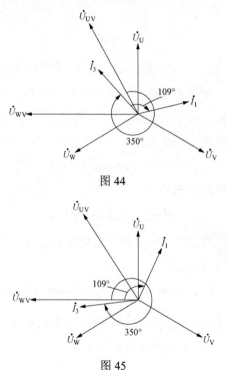

图 44

图 45

（5）画出错误接线相量图，如图 46 所示。

（6）写出错误接线时测得的电能（以功率表示）。正确接线时，第一元件的电压为 U_{UV}，第二元件为 U_{WV}。当错误接线时，由于电压相序为 VWU，且 U 相 TV 二次侧极性反接，造

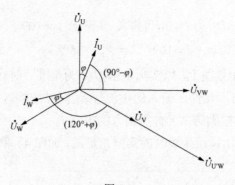

图 46

成第一元件的实际电压是 U_{VW}，第二元件的实际电压是 $U_{U'W}$。对两个元件所计量的电能分别进行分析（以功率表示），并设 P_1' 为第一元件错误计量的功率，P_2' 为第二元件错误计量的功率。

第一元件测量的功率：

$$P_1'=U_{VW}I_U\cos(90°-\varphi)$$

第二元件测量的功率：

$$P_2'=U_{U'W}I_W\cos(120°+\varphi)$$

在三相电路完全对称，两元件测量的总功率为：

$$P'=P_1'+P_2'$$
$$=U_{VW}I_U\cos(90°-\varphi)+U_{U'W}I_W\cos(120°+\varphi)$$

点评：该方法简便、快捷、准确，在测量数据的过程中，能够很快判断出 V 相电压、反相电压。

方法二： 用不对地测量电压确定 V 相的方法之一，分析 TV 二次侧极性反接时的错误接线

1. 测量操作步骤

测量方法和方法一基本相同，不同点是将方法一中对地测

量相电压改为只需将相位表的红表笔触放在电能表表尾 U_1 的端子上，黑表表笔悬空测得一较小的电压值，再以同样的方法测得 U_2 和 U_3 的电压值，其中一相值约为零。测量数据见表 30。

表 30   测 量 数 据 值

电流/A		电压/V			角度/(°)			
I_1	2.36	U_{12}	99.8	U_1	0	$\varphi_{U_{21}I_1}$	109	$\varphi_{U_{21}I_3}$	350
		U_{32}	172	U_2	4.5	$\varphi_{U_{31}I_1}$	229	$\varphi_{U_{31}I_3}$	109
I_3	2.36	U_{31}	99.9	U_3	4.7				

2. 数据分析步骤

通过表 29 和表 30 的数据比对，可以看出只是 U_{10}、U_{20}、U_{30} 和 U_1、U_2、U_3 的电压值不同，具体的分析步骤和方法一基本相同，U_1、U_2、U_3 中电压值近似为零的即为 V 相。

相量图的画法和错误接线时的功率表达式与方法一完全相同。

3. 实例分析（同方法一）

实例分析的具体方法和方法一完全相同。

点评：该方法与方法一的主要区别是，不对地进行电压测量，来确定 V 相电压的位置。

方法三： 用不对地测量电压确定 V 相的方法之二，分析 TV 二次侧极性反接时的错误接线

1. 测量操作步骤

测量方法和方法一基本相同，不同点是只需测量电流、线电压、角度即可。

2. 数据分析步骤

不同点是：在确定 V 相时，参考线电压值是 172V 的线电压

的下标数字，下标中不包含的数字即为 V 相电压。U_{12}=172V 时，U_3 是 V 相电压；U_{32}=172V 时，U_1 是 V 相电压；U_{31}=172V 时，U_2 是 V 相电压。

确定电压相序和电流相序的分析方法步骤和方法一基本相同。相量图的画法和错误接线时的功率表达式与方法一完全相同。

3. 实例分析（同方法一）

（1）测量数据见表 31。

表 31　　　　　　　　测 量 数 据 值

电流/A		电压/V		角度/（°）			
I_1	2.36	U_{12}	99.8	$\varphi_{U_{21}I_1}$	109	$\varphi_{U_{21}I_3}$	350
		U_{32}	172	$\varphi_{U_{11}I_1}$	229	$\varphi_{U_{31}I_3}$	109
I_3	2.36	U_{31}	99.9				

（2）确定 V 相电压。U_{32}=172V 时，U_1 是 V 相电压。

（3）确定电压、电流相序及反相电压。分析的具体方法和方法一完全相同。

点评：该方法测量的数据较少，在测量过程中便可以判断出 V 相电压和反相电压的位置，简便、快捷、易于掌握。

方法四：使用相位表测量数据，利用原理图分析 TV 二次侧极性反接时的错误接线

1. 测量操作步骤

测量方法同方法三，只需测量电流、线电压、角度即可。

2. 数据分析步骤

不同点：

（1）确定 V 相电压。看两个线电压是 100V 的下标中都含有一个数字的，则该数字表示 V 相电压端子。从表 31 可知，U_{12}=100V、U_{31}=100V，下标中都有 1，所以 U_1 就是 V 相电压。

（2）确定反相电压。再由表 31，可知 U_{32} 和 U_{31} 下标都含有数字 3，所以 U_3 就是反相电压。

（3）画出原理图确定电压相序。

1）画出 V 相电压 U_1 接线，如图 47 所示。

2）画出 U_2 电压接线，如图 48 所示。

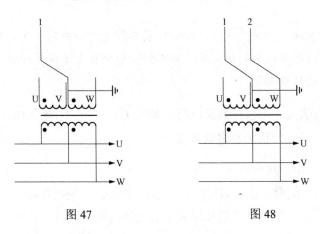

图 47   图 48

3）画出反相电压 U_3 接线，如图 49 所示。

4）确定电压相序。从图上可以看出电压相序是 VWU。

（4）确定电流相序。将表 31 中 $\varphi_{U_{21}I_1} = 109°$、$\varphi_{U_{21}I_3} = 350°$ 替换为 $\varphi_{U_{WV}I_1} = 109°$、$\varphi_{U_{WV}I_3} = 350°$，在相量图上画出 I_1 和 I_3，并根据其位置确定电流相序是 $I_U I_W$，如图 50 所示。

（5）错误相量图和错误接线时的功率表达式与方法一完全相同。

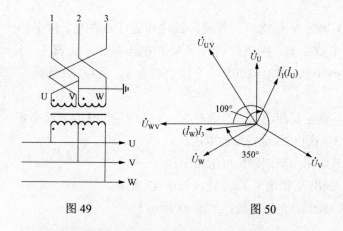

图 49   图 50

点评：在使用该方法对电能表接线进行分析时，要求对原理图要有较深刻地认知，才能在确定 V 相电压和反相电压时做到准确无误。

方法五：用直接判断电能表表尾 U_1、U_2、U_3 电压相序的方法，分析判断错误接线

1. 测量操作步骤

（1）测量电能表表尾的电压值，并确定 V 相电压位置。将用于测量电压的红表笔和黑表笔分别插入相位表 U_1 对应的两个孔中（图 51），挡位旋转至 U_1 的 200V 位置上，分别测量电能表表尾 U_{12}、U_{23}、U_{31} 和 U_{10}、U_{20}、U_{30} 的值，并做记录，见表 32。根据表 32 中的值，确定了 TV 有一只反接（$U_{23}=173.1V$），并确定了电能表表尾 U_1 为 V 相电压（$U_{10}=0V$）。

相位表相位接线如图 51 所示。

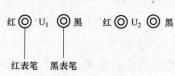

图 51

表 32			测 量 数 据 值			
电能表表尾位置	U_{12}	U_{23}	U_{31}	U_{10}	U_{20}	U_{30}
电压值/V	99.96	173.1	99.99	0	99.96	99.98

（2）测量电能表表尾电压相位，确定表尾 U_1、U_2、U_3 分别对应的是哪相电压及相序。

1）操作步骤分析：首先将相位表 U_1 的黑表笔与 U_2 的红表笔合并，接电能表表尾 V 相电压。其次，将相位表 U_1 的红表笔与 U_2 的黑表笔任意接表尾的另外两个电压位置，此时测量的 φ 值理论上应为 300°或 60°（实际值与其有出入，但相差不大）。当 φ 值为 300°左右时，相位表 U_1 的红表笔测量位置为 U 相电压，相位表 U_2 的黑表笔测量位置为 W 相电压；当 φ 值为 60°左右时，相位表 U_1 的红表笔测量位置为 W 相电压，相位表 U_2 的黑表笔测量位置为 U 相电压。

此测量方法，无论 V 相电压在电能表表尾的哪个位置，均将相位表的合并表笔与其相接。根据测量的 φ 值，直接判断出电能表表尾 U_1、U_2、U_3 分别对应的是哪相电压，其表尾相序也一目了然。

2）实例操作：如图 52 所示，将相位伏安表挡位旋转至 φ 的位置上，把相位表 U_1 的黑表笔与 U_2 的红表笔合并后接电能

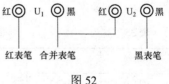

图 52

表表尾的 U_1（V 相电压），相位表 U_1 的红表笔与 U_2 的黑表笔分别接表尾的 U_2 和 U_3，测量 φ 值，并做记录，见表 33。根据表 33 中的值，判断出电能表表尾的 U_2 为 U 相电压，U_3 为 W 相电压，即表尾 U_1、U_2、U_3 分别对应 V、W、U，为正相序。

相位伏安表接线如图 52 所示。

表 33 测 量 数 据 值

相位表表笔位置	合并（U_1=V）、红（U_2）、黑（U_3）
相位（φ）	$\varphi_{U_{21}U_{13}}$
	59.9°

（3）测量电能表表尾 I_1 和 I_3 的值。将用于测量电流测量钳插入相位表的 I_2。挡位旋转至 I_2 的 10A 位置上，分别测量表尾 I_1 和 I_3 的值，并做记录，见表 34，根据表 34 中的值，判断电流基本平衡，无短路、断路。

表 34 测 量 数 据 值

测量项	I_1	I_3
测量值	1.499	1.495

（4）测量电能表表尾 U_{12}、U_{32} 分别与表尾 I_1 和 I_3 的相位值。将用于测量电压的红表笔和黑表笔分别插入相位表 U_1 对应的两个孔中，电流测量钳插入 I_2。挡位旋转至 φ 的位置上，分别测量 $\varphi_{U_{12}I_1}$、$\varphi_{U_{32}I_1}$ 和 $\varphi_{U_{12}I_3}$、$\varphi_{U_{32}I_3}$ 的值，并做记录，见表 35。

表 35 测 量 数 据 值

测量项	$\varphi_{U_{12}I_1}$	$\varphi_{U_{32}I_1}$	$\varphi_{U_{12}I_3}$	$\varphi_{U_{32}I_3}$
测量值	285.1°	255.2°	165.3°	135.2°

2. 数据分析步骤

（1）画相量图并分析。

1）画出 U_U、U_V、U_W 电压的相量。

2）假设 U 相电压极性反接，三相电路对称时，根据确定的电能表表尾电压位置，$U_{32}=U_{UW}=U_{VU}+U_{VW}=\sqrt{3}\,U$、$U_{12}=U_{VW}=U$，

画出 U_{12} 和 U_{32} 的电压相量。

（3）根据表35中的值，分别以 U_{12}（U_{VW}）、U_{32}（$U_{\mathrm{U'W}}$）为基准，顺时针旋转 $\varphi_{U_{12}I_1}$ 和 $\varphi_{U_{32}I_1}$ 两个角度，旋转后两个角度基本重合在一起，该位置就是电流 I_1 在相量图上的位置。同样，顺时针旋转 $\varphi_{U_{12}I_3}$ 和 $\varphi_{U_{32}I_3}$ 的两个角度，得到电流 I_3 在相量图上的位置。

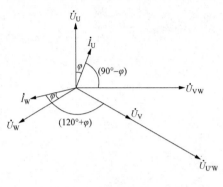

（4）根据 I_1 和 I_3 在相量图上的位置，判断 I_1 和 I_3 分别为 I_{U} 和 I_{W}，确定了电能表表尾电流相序，如图53所示。

图53

（2）写出错误接线时的电能表达式（以功率表示）。

正确接线时，第一元件的电压为 U_{UV}，第二元件为 U_{WV}。当错误接线时，由于电压相序为 VWU，且 U 相 TV 二次侧极性反接，造成第一元件的实际电压是 U_{VW}，第二元件的实际电压是 $U_{\mathrm{U'W}}$。对两个元件所计量的电能分别进行分析（以功率表示），并设 P_1' 为第一元件错误计量的功率，P_2' 为第二元件错误计量的功率。

第一元件测量的功率：

$$P_1' = U_{\mathrm{VW}}I_{\mathrm{U}}\cos(90°-\varphi)$$

第二元件测量的功率：

$$P_2' = U_{\mathrm{U'W}}I_{\mathrm{W}}\cos(120°+\varphi)$$

在三相电路完全对称，两元件测量的总功率为：

$$P' = P_1' + P_2'$$
$$=U_{VW}I_U\cos(90°-\varphi)+U_{U'W}I_W\cos(120°+\varphi)$$

点评：该方法简便、快捷，在测量数据的过程中，能够直接判断出电能表表尾的 U_1、U_2、U_3 分别对应的是哪相电压和电压相序。

错误现象为电能表表尾电压逆相序 UWV；电流相序 $I_W I_U$；W 相电流极性反接；TV 二次侧 W 相极性反接；功率因数为感性

方法一：用对地测量电压的方法确定 V 相，分析 TV 二次侧极性反接时的错误接线

1. 测量操作步骤

（1）将相位表用于测量电压的红表笔和黑表笔分别插入 U_1 侧对应的两个孔中。电流卡钳插入 I_2 孔中，相位表挡位应打在 I_2 的 10A 挡位上。将电流卡钳（按卡钳极性标志）依次分别卡住两相电流线，可测得 I_1 和 I_3 的电流值，并做记录。

（2）相位表挡位旋转至 U_1 侧的 200V 挡位上。此时，假设电能表表尾的三相电压端子分别是 U_1、U_2、U_3。将红表笔触放在电能表表尾的 U_1 端子，黑表笔触放在 U_2 端子，可测得线电压 U_{12} 的电压值。按此方法再分别测得 U_{32} 和 U_{31} 的电压值，并做记录。

（3）将红表笔触放在表尾 U_1 端，黑表笔触放在对地端（工作现场的接地线），可测得相电压 U_{10} 的电压值。然后，黑表笔不动，移动红表笔测得 U_{20} 和 U_{30} 的电压值，其中有一相为零，并做记录。

（4）相位表挡位旋转至 φ 的位置上，电流卡钳卡住 I_1 的电流进线。相位表的黑表笔触放在测得的相电压等于零的电压端子上，红表笔放在某一相电压端子上，测得与 I_1 相关的一个角度 φ_1；然后将红表笔再放在另一相电压端子上，又测得与 I_1 相关的一个角度 φ_2。按此方法，将电流改变用 I_3 又可测得与 I_3

相关的两个角度 φ_3 和 φ_4，并做记录。

2. 数据分析步骤

（1）测得的电流 I_1 和 I_3 都有数值，且大小基本相同时，说明电能表无断流现象，是在负载平衡状态下运行的。

（2）当测得某一个线电压值是 173V 时，说明接入电能表的电压有 TV 二次侧极性反接现象。

（3）若测量的相电压其中两个值是 100V，一个值是零，说明电压无断相，且电压值为零的是电能表实际接线的 V 相电压。

（4）确定电压相序。

1）以电压正常相和 V 相分别与 I_1 和 I_3 测量，得到两个角度 φ_1 和 φ_2。

2）在相量图上，分别以 U_{UV} 和 U_{WV} 为基准顺时针旋转 φ_1 和 φ_2，得到两组 I_1 和 I_3 的位置。进行比较，以位置更合理的一组来确定电压和电流的相序。

（5）确定接线组别。

1）若 TV 二次侧极性反接相与 V 相有关，则线电压下标顺序颠倒。例如，U_{UV} 应写成 U_{VU}。

2）若 TV 二次侧极性反接相与 V 相无关，则线电压下标顺序不变，应在反相电压上加""。如：W 相极性反接应写成 $U_{UW'}$，U 相极性反接应写成 $U_{U'W}$。

3）当线电压为 U_{xx} 时，在相量图上该线电压应画在 U_V 的延长线上，功率表达式应为 $\sqrt{3}\,U$。

4）当线电压为 $U_{xx'}$ 时，在相量图上该线电压应画在 $-U_V$ 的延长线上，功率表达式应为 $\sqrt{3}\,U$。

（6）画出相量图。

（7）依据判断出的电压相序和电流相序，可以做出错误接线的结论，并根据结论写出错误接线时的功率表达式。

3. 实例分析

错误现象为电能表表尾电压逆相序 UWV；电流相序 $I_W I_U$；W 相电流极性反接；TV 二次侧 W 相极性反接；功率因数感性。

图 54 是三相三线有功电能表的错误接线。电压 U_{UV} 与 U_{WV} 分别接于第一元件和第二元件电压线圈上。由于电压互感器二次侧互为反极性，且 TV 二次侧 U 相极性反接，使得 U 相元件电压线圈两端实际承受的电压为 U_{WV}，W 相元件电压线圈两端实际承受的电压则为 $U_{U'W}$；第一元件和第二元件电流线圈通入的电流分别为 $-I_W$ 和 I_U。

（1）按照测量操作步骤测得数据，并将测量数据记录在表 36 中。

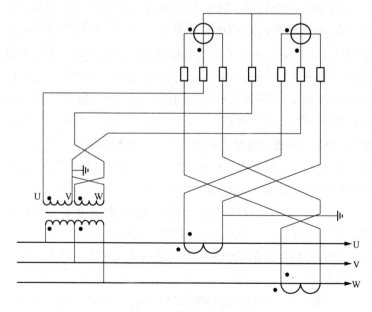

图 54

表 36　　　　　　　　测 量 数 据 值

电流/A		电压/V				角度/(°)			
I_1	2.36	U_{12}	172	U_{10}	98.9	$\varphi_{U_{13}I_1}$	109	$\varphi_{U_{13}I_3}$	49
		U_{32}	99.8	U_{20}	99.9	$\varphi_{U_{23}I_1}$	350	$\varphi_{U_{23}I_3}$	290
I_3	2.36	U_{31}	99.9	U_{30}	0				

（2）分析并确定电压相序：

1）由 U_{12}=172V 可以断定电能表有 TV 二次侧极性反接现象。

2）确定 V 相位置。由于表 36 中 U_{30}=0V，故可断定电能表表尾 U_3 所接的电压为电能表的实际 V 相电压。

3）确定反相电压。U_3 确定为 V 相后，由于 U_{12} 和 U_{32} 的下标中都含有数字 2，且 U_{12}=172V 所以判定 U_2 为极性反接。

4）确定电压相序。判定 U_2 为极性反接相后，U_1 即为正常相。表 36 中只有 $\varphi_{U_{13}I_1}$ 和 $\varphi_{U_{13}I_3}$ 的角度可采用。如图 55 所示，在相量图上，以实际电压 U_{UV} 为基准顺时针旋转 109°，由此点按画相量的方法，在相量图上画出其相量方向，得到第一元件所通入的电流 I_1。同样按顺时针方向旋转 49°即可得到第二元件所通入的电流 I_3。如图 56 所示，再以实际电压 U_{WV} 为基准顺时针旋转 109°，由此点按画相量的方法，在相量图上画出其相量方向，得到第一元件所通入的电流 I_1。同样按顺时针方向旋转 49°即可得到第二元件所通入的电流 I_3。

5）经过分析比较以 U_{UV} 为基准画出的两个电流位置较合理，即 U_{13} 为 U_{UV}。所以，电压相序为 UWV。

（3）分析并确定电能表两个元件所通入的实际电流，如图 57 所示。

1）确定 U_{13} 为 U_{UV}，可将表 36 中 $\varphi_{U_{13}I_1}=109°$、$\varphi_{U_{13}I_3}=49°$ 相应地替代为 $\varphi_{U_{UV}I_1}=109°$、$\varphi_{U_{UV}I_3}=49°$。

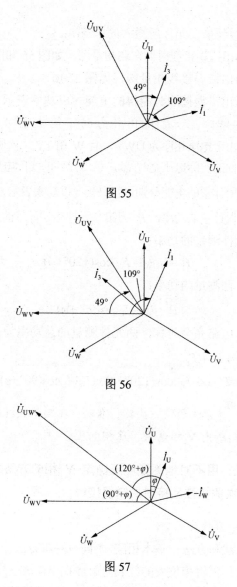

图 55

图 56

图 57

2）在相量图上，以实际电压 U_{UV} 为基准顺时针旋转 $109°$，由此得到第一元件所通入的电流 $-I_W$。同样按顺时针方向旋转

49°，即可得到第二元件所通入的电流 I_U。

（4）画出错误接线时的实测相量图，如图55和图56所示。

（5）画出错误接线相量图，如图57所示。

（6）写出错误接线时测得的电能（以功率表示）。

正确接线时，第一元件的电压为 U_{Uv}，第二元件为 U_{Wv}。当错误接线时，由于电压相序为 UWV，且 W 相 TV 二次侧极性反接，造成第一元件的实际电压是 $U_{UW'}$，第二元件的实际电压是 U_{Wv}。对两个元件所计量的电能分别进行分析（以功率表示），并设 P_1' 为第一元件错误计量的功率，P_2' 为第二元件错误计量的功率。

第一元件测量的功率：

$$P_1' = U_{UW'}(-I_W)\cos(120° + \varphi)$$

第二元件测量的功率：

$$P_2' = U_{WV}I_U\cos(90° + \varphi)$$

在三相电路完全对称，两元件测量的总功率为：

$$P' = P_1' + P_2'$$
$$= U_{UW'}(-I_W)\cos(120° + \varphi) + U_{WV}I_U\cos(90° + \varphi)$$

点评：该方法简便、快捷、准确，在测量数据的过程中，能够很快判断出 V 相电压、反相电压。

方法二： 用不对地测量电压确定 V 相的方法之一，分析 TV 二次侧极性反接时的错误接线

1. 测量操作步骤

测量方法和方法一基本相同，不同点是将方法一中对地测量相电压改为只需将相位表的红表笔触放在电能表表尾 U_1 的端子上，黑表笔悬空测得一较小的电压值，再以同样的方法测得 U_2 和 U_3 的电压值，其中一相值约为零。测量数据见表37。

表 37　　　　　测 量 数 据 值

电流/A		电压/V			角度/(°)			
I_1	2.36	U_{12}	172	U_{10}	5.1	$\varphi_{U_{13}I_1}$	109	$\varphi_{U_{13}I_3}$	49
		U_{32}	99.8	U_{20}	4.9	$\varphi_{U_{23}I_1}$	350	$\varphi_{U_{23}I_3}$	290
I_3	2.36	U_{31}	99.9	U_{30}	0				

2. 数据分析步骤

通过表 36 和表 37 的数据比对，可以看出只是 U_{10}、U_{20}、U_{30} 和 U_1、U_2、U_3 的电压值不同，具体的分析步骤和方法一基本相同，U_1、U_2、U_3 的电压值近似为零，即为 V 相。

相量图的画法和错误接线时的功率表达式与方法一完全相同。

3. 实例分析（同方法一）

实例分析的具体方法和方法一完全相同。

　　点评：该方法与方法一的主要区别是不对地进行电压测量，来确定 V 相电压的位置。

方法三：用不对地测量电压确定 V 相的方法之二，分析 TV 二次侧极性反接时的错误接线

1. 测量操作步骤

测量方法和方法一基本相同，不同点是只需测量电流、线电压、角度即可。

2. 数据分析步骤

不同点是：在确定 V 相时，参考线电压值是 172V 的线电压的下标数字，下标中不包含的数字即为 V 相电压。U_{12}=172V 时，U_3 是 V 相电压；U_{32}=172V 时，U_1 是 V 相电压；U_{31}=172V 时，U_2 是 V 相电压。

确定电压相序和电流相序的分析方法步骤和方法一基本相同。相量图的画法和错误接线时的功率表达式与方法一完全相同。

3. 实例分析（同方法一）

（1）测量数据见表 38。

表 38　　　　　　测 量 数 据 值

电流/A		电压/V		角度/（°）			
I_1	2.36	U_{12}	172	$\varphi_{U_{13}I_1}$	109	$\varphi_{U_{13}I_3}$	49
		U_{32}	99.8	$\varphi_{U_{23}I_1}$	350	$\varphi_{U_{23}I_3}$	290
I_3	2.36	U_{31}	99.9				

（2）确定 V 相电压。

$U_{12}=172V$ 时，U_3 是 V 相电压。

（3）确定电压、电流相序及反相电压。分析的具体方法和方法一完全相同。

点评：该方法测量的数据较少，在测量过程中便可以判断出 V 相电压和反相电压的位置，简便、快捷、易于掌握。

方法四：使用相位表测量数据，利用原理图分析 TV 二次侧极性反接时的错误接线

1. 测量操作步骤

测量方法同方法三，只需测量电流、线电压、角度即可。

2. 数据分析步骤

不同点：

（1）确定 V 相电压。看两个线电压是 100V 的下标中都含有一个数字的，该数字表示 V 相电压端子。由表 39 可知，$U_{32}=100V$、$U_{31}=100V$，下标中都有 3，所以 U_3 就是 V 相电压。

（2）确定反相电压。再由表 39 可知，U_{12} 和 U_{32} 下标都含有数字 2，所以 U_2 就是反相电压。

（3）画出原理图确定电压相序。

1）画出 V 相电压 U_3，如图 58 所示。

2）画出反相电压 U_2 有两种情况，图 59（a）为 U_W；图 59（b）为 U_U。

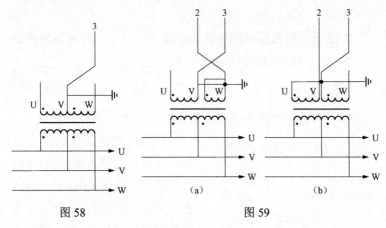

图 58   图 59

3）画出电压 U_1 有两种情况，图 60（a）为 U_U；图 60（b）为 U_W。

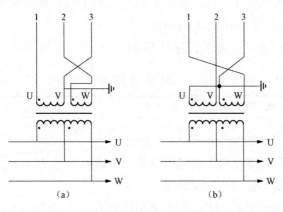

图 60

从图 59 和图 60 中可以看出：在 TV 二次侧极性反接时，有些情况会出现两种结论。

点评：使用该方法对电能表接线进行分析时，要求对原理图要有较深刻地认知，整个分析过程较为烦琐，有时还会出现多个结论。

方法五：用直接判断电能表表尾 U_1、U_2、U_3 电压相序的方法，分析判断错误接线

1. 测量操作步骤

（1）测量电能表表尾的电压值，并确定 V 相电压位置。

图 61

将用于测量电压的红表笔和黑表笔分别插入相位表 U_1 相对应的两个孔中（图 61），挡位旋转至 U_1 的 200V 位置上，分别测量电能表表尾 U_{12}、U_{23}、U_{31} 和 U_{10}、U_{20}、U_{30} 的值，并做记录，见表 39。根据表 39 中的值，可确定 TV 有一只反接（U_{12}=173.1V），并可确定电能表表尾 U_3 为 V 相电压（U_{30}=0V）。

相位表相位接线如图 61 所示。

表 39 测量数据组

电能表表尾位置	U_{12}	U_{23}	U_{31}	U_{10}	U_{20}	U_{30}
电压值/V	173.1	99.96	99.99	99.98	99.96	0

（2）测量电能表表尾电压相位，确定表尾 U_1、U_2、U_3 分别对应的是哪相电压及相序。

1）操作步骤分析：首先将相位表 U_1 的黑表笔与 U_2 的红表

笔合并，接电能表表尾 V 相电压。其次，将相位表 U_1 的红表笔与 U_2 的黑表笔任意接表尾的另外两个电压位置，此时测量的 φ 值理论上应为 300° 或 60°（实际值与其有出入，但相差不大）。当 φ 值为 300° 左右时，相位表 U_1 的红表笔测量位置为 U 相电压，相位表 U_2 的黑表笔测量位置为 W 相电压；当 φ 值为 60° 左右时，相位表 U_1 的红表笔测量位置为 W 相电压，相位表 U_2 的黑表笔测量位置为 U 相电压。

此测量方法，无论 V 相电压在电能表表尾的哪个位置，均将相位表的合并表笔与其相接。根据测量的 φ 值，可直接判断出表尾 U_1、U_2、U_3 分别对应的是哪相电压，其表尾相序也一目了然。

2）实例操作：如图 62 所示，将相位伏安表挡位旋转至 φ 的位置上，把相位表 U_1 的黑表笔与 U_2 的红表笔合并后接电能表表尾的 U_3（V 相电压），相位表 U_1 的红表笔与 U_2 的黑表笔分别接表尾的 U_1 和 U_2，测量 φ 值，并做记录，见表 40。根据表 40 中的值，判断出电能表表尾的 U_1 为 U 相电压，U_2 为 W 相电压，即表尾 U_1、U_2、U_3 分别对应 U、W、V，为逆相序。

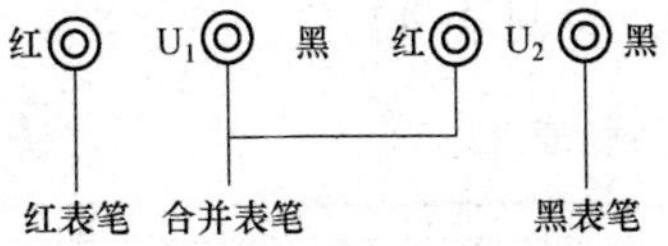

相位伏安表接线如图 62 所示。

图 62

表 40   **测 量 数 据 组**

相位表表笔位置	合并（U_1=V）、红（U_2）、黑（U_3）
相位（φ）	$\varphi_{U_{21}U_{13}}$
	300°

（3）测量电能表表尾 I_1 和 I_3 的值。将用于测量电流的测量钳插入相位表的 I_2。挡位旋转至 I_2 的 10A 位置上，分别测量电

83

能表表尾 I_1 和 I_3 的值，并做记录。见表 41，根据表 41 中的值，判断电流基本平衡，无短路、断路。

表 41　　　　　　　　　　测 量 数 据 值

测量项	I_1	I_3
测量值	1.499	1.495

（4）测量电能表表尾 U_{12}、U_{32} 分别与表尾 I_1 和 I_3 的相位值。将用于测量电压的红表笔和黑表笔分别插入相位表 U_1 对应的两个孔中，电流测量钳插入 I_2。挡位旋转至 φ 的位置上，分别测量 $\varphi_{U_{12}I_1}$、$\varphi_{U_{32}I_1}$ 和 $\varphi_{U_{12}I_3}$、$\varphi_{U_{32}I_3}$ 的相位值，并做记录，见表 42。

表 42　　　　　　　　　　测 量 数 据 值

测量项	$\varphi_{U_{12}I_1}$	$\varphi_{U_{32}I_1}$	$\varphi_{U_{12}I_3}$	$\varphi_{U_{32}I_3}$
测量值	135.2°	165.3°	75.1°	105.1°

2. 数据分析步骤

（1）画相量图并分析。

1）画出 U_U、U_V、U_W 电压的相量。

2）假设 W 相电压极性反接，三相电路对称时，根据确定的电能表表尾电压位置，即 $U_{12}=U_{UW}=U_{UV}+U_{WV}=\sqrt{3}\,U$、$U_{32}=U_{WV}=U$ 画出 U_{12} 和 U_{32} 的电压相量。

3）根据表 42 中的值，分别以 U_{12}（U_{UW}）、U_{32}（U_{WV}）为基准，顺时针旋转 $\varphi_{U_{12}I_1}$ 和 $\varphi_{U_{32}I_1}$ 两个角度，旋转后两个角度基本重合在一起，该位置就是电流 I_1 在相量图上的位置。同样，顺时针旋转 $\varphi_{U_{12}I_3}$ 和 $\varphi_{U_{32}I_3}$ 的两个角度，得到电流 I_3 在相量图上的位置。

4）由于 I_1 和 I_3 出现 60° 夹角，所以有一相电流极性反接，

根据 I_1 和 I_3 在相量图上的位置及负荷性质，可判断 I_1 和 I_3 分别为（$-I_W$）和 I_U，确定了电能表表尾电流相序，如图 63 所示。

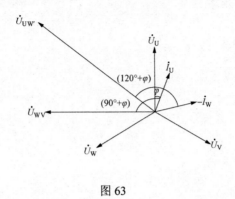

图 63

（2）写出错误接线时的电能表达式（以功率表示）。

正确接线时，第一元件的电压为 U_{UV}，第二元件为 U_{WV}。当错误接线时，由于电压相序为 UWV，且 W 相 TV 二次侧极性反接，造成第一元件的实际电压是 $U_{UW'}$，第二元件的实际电压是 U_{WV}。对两个元件所计量的电能分别进行分析（以功率表示），并设 P_1' 为第一元件错误计量的功率，P_2' 为第二元件错误计量的功率。

第一元件测量的功率：

$$P_1' = U_{UW'}(-I_W)\cos(120°+\varphi)$$

第二元件测量的功率：

$$P_2' = U_{WV}I_U\cos(90°+\varphi)$$

在三相电路完全对称，两元件测量的总功率为：

$$P' = P_1' + P_2'$$
$$= U_{UW'}(-I_W)\cos(120°+\varphi)+U_{WV}I_U\cos(90°+\varphi)$$

点评：该方法简便、快捷，在测量数据的过程中，能够直接判断出电能表表尾的 U_1、U_2、U_3 分别对应的是哪相电压和电压相序。

实例七

错误现象为电能表表尾电压正相序 VWU；
电流相序 $I_\mathrm{U}I_\mathrm{W}$；W 相电流极性反接；
U 相电压断相；功率因数感性

方法一： 用对地测量电压的方法确定 V 相，分析 TV 二次侧电压断相的错误接线

1. 测量操作步骤

（1）将相位表用于测量电压的红表笔和黑表笔分别插入 U_1 侧对应的两个孔中。电流卡钳插入 I_2 孔中，相位表挡位应打在 I_2 的 10A 挡位上。将电流卡钳（按卡钳极性标志）依次分别卡住两相电流线，可测得 I_1 和 I_3 的电流值，并做记录。

（2）相位表挡位旋转至 U_1 侧的 200V 挡位上。此时，假设电能表表尾的三相电压端子分别是 U_1、U_2、U_3。将红表笔触放在表尾的 U_1 端子，黑表笔触放在 U_2 端子，可测得线电压 U_{12} 的电压值。按此方法再分别测得 U_{32} 和 U_{31} 的电压值，并做记录。

（3）将红表笔触放在电能表表尾 U_1 端，黑表笔触放在对地端（工作现场的接地线），可测得相电压 U_{10} 的电压值。然后，黑表笔不动，移动红表笔测得 U_{20} 和 U_{30} 的电压值。其中有一相是零，另一相不是 100V，并做记录。

（4）相位表挡位旋转至 φ 的位置上，电流卡钳卡住 I_1 的电流进线。相位表的黑表笔触放在测得的相电压等于零的电压端子上，红表笔放在是 100V 的电压端子上，测得与 I_1 相关的一个角度 φ_1；按此方法，将电流改变用 I_3 又可测得与 I_3 相关的一个角度 φ_2，并做记录。

2. 数据分析步骤

（1）测得的电流 I_1 和 I_3 都有数值，且大小基本相同时，说明电能表无断流现象，是在负载平衡状态下运行的。

（2）当测得线电压值有不是 100V 时，说明接入电能表的电压有断相。

（3）测量的相电压值为 0V 的是电能表实际接线的 V 相电压，相电压值为 100V 的是电压正常相。

（4）确定电压相序。在相量图上，分别以 U_{UV} 和 U_{WV} 为基准顺时针旋转测得的两个角度 φ_1 和 φ_2，得到两组 I_1 和 I_3 的位置。进行比较，以位置更合理的一组来确定电压和电流的相序。

（5）画出相量图。

（6）依据判断出的电压相序和电流相序，可以做出错误接线的结论，并根据结论写出错误接线时的功率表达式。

3. 实例分析

电子式电能表内部分压有"△"和"∨"两种方式，当出现电压断相时两种结构的分压情况截然不同。以下举例为"∨"方式。

错误现象为电能表表尾电压正相序 VWU；电流相序 $I_U I_W$；W 相电流极性反接；U 相电压断相。

图 64 是三相三线有功电能表的错误接线。从图中可以看出，电能表表尾电压相序为 VWU，并且 U 相 TV 二次电压断相，造成电能表第一元件电压线圈两端实际承受电压为 U_{VW}，第二元件失压；第一元件电流线圈通入的电流为 I_U，第二元件由 W 相 TA 二次极性反接，造成电流线圈通入的电流为 $-I_W$。

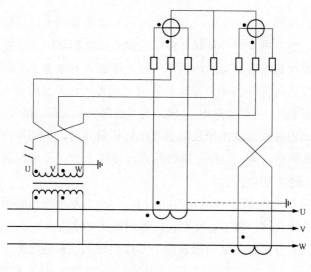

图 64

（1）按照测量操作步骤测得数据，并将测量数据记录在表 43 中。

表 43 测量数据值

电流/A		电压/V				角度/(°)	
I_1	2.36	U_{12}	100	U_{10}	0	$\varphi_{U_{21}I_1}$	109
		U_{32}	76.2	U_{20}	99.8	$\varphi_{U_{21}I_3}$	169
I_3	2.36	U_{31}	24.8	U_{30}	24.2		

（2）分析并确定电压相序：

1）因为 U_{32} 和 U_{31} 不是 100V，故可以断定电能表有断相现象。

2）确定 V 相位置。由于表 43 中 $U_{10}=0$V，故可断定电能表表尾 U_1 所接的电压为电能表的实际 V 相电压。

3）确定断相电压。由于 U_{30} 不等于 100V，所以判定 U_3 为断相。

4）确定电压相序。如图 65 所示，在相量图上，以实际电压 U_{UV} 为基准顺时针旋转 109°，由此点按画相量的方法在相量图上画出其相量方向，得到第一元件所通入的电流 I_1。同样按顺时针方向旋转 169°，即可得到第二元件所通入的电流 I_3。如图 66 所示，再以实际电压 U_{WV} 为基准顺时针旋转 109°，由此点按画相量的方法在相量图上画出其相量方向，得到第一元件所通入的电流 I_1。同样按顺时针方向旋转 169°，即可得到第二元件所通入的电流 I_3。

5）经过分析比较图 65 和图 66，U_{WV} 为基准画出的两个电流位置较合理，即 U_{21} 为 U_{WV}。所以电压相序为 VWU。

（3）分析并确定电能表两个元件所通入的实际电流，如图 67 所示。

1）确定 U_{21} 为 U_{WV}，可将表 43 中 $\varphi_{U_{21}I_1} = 109°$、$U_{21}I_3 = 169°$ 相应地替代为 $\varphi_{U_{WV}I_1} = 109°$、$\varphi_{U_{WV}I_3} = 169°$。

2）在相量图上，以实际电压 U_{WV} 为基准顺时针旋转 109°，由此得到第一元件所通入的电流 I_U。同样按顺时针方向旋转 169°，即可得到第二元件所通入的电流 $-I_W$。

（4）画出错误接线时的实测相量图，如图 65 和图 66 所示。

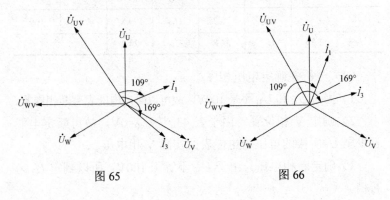

图 65　　　　　　　　　　　　　　图 66

（5）画出错误接线相量图，如图 67 所示。

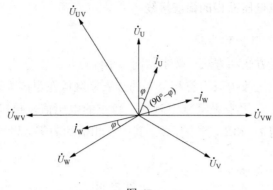

图 67

（6）写出错误接线时测得的电能（以功率表示）。正确接线时，第一元件的电压为 U_{UV}，第二元件为 U_{WV}。当错误接线时，由于电压相序为 VWU，且 U 相电压断相，造成第一元件的实际电压是 U_{VW}，第二元件失压。对两个元件所计量的电能分别进行分析（以功率表示），并设 P'_1 为第一元件错误计量的功率，P'_2 为第二元件错误计量的功率。

第一元件测量的功率：

$$P'_1 = U_{VW}I_U\cos(90°-\varphi)$$

第二元件测量的功率：

$$P'_2 = 0$$

在三相电路完全对称，两元件测量的总功率为：

$$P' = P'_1 + P'_2$$
$$= U_{VW}I_U\cos（90°-\varphi）+0$$

点评：该方法简便、快捷、准确，在测量数据的过程中，能够很快判断出 V 相电压和断相电压。

91

方法二：用不对地测量电压的方法确定 V 相，分析 TV 二次侧电压断相的错误接线

1. 测量操作步骤

测量方法和方法一基本相同，不同点是：在方法一中对地测量相电压改为只需将相位表的红表笔触放在电能表表尾 U_1 的端子上，黑表表笔悬空测得一较小的电压值，再以同样的方法测得 U_2 和 U_3 的电压值，其中一相值约为零。测量数据见表 44。

表 44   **测 量 数 据 值**

电流/A		电压/V				角度/(°)	
I_1	2.36	U_{12}	100	U_{10}	0	$\varphi_{U_{21}I_1}$	109
		U_{32}	76.2	U_{20}	4.7	$\varphi_{U_{21}I_3}$	169
I_3	2.36	U_{31}	24.8	U_{30}	1.2		

2. 数据分析步骤

通过表 43 和表 44 的数据比对，可以看出只是 U_{10}、U_{20}、U_{30} 和 U_1、U_2、U_3 的电压值不同，具体的分析步骤和方法一基本相同，U_1、U_2、U_3 的电压值近似为零，即为 V 相。

相量图的画法和错误接线时的功率表达式与方法一完全相同。

3. 实例分析（同方法一）

实例分析的具体方法和方法一完全相同。

> **点评：** 该方法与方法一的主要区别是，不对地进行电压测量，来确定 V 相电压的位置。

错误现象为电能表表尾电压逆相序 WVU；电流相序 $I_W I_U$；W 相电压断相；功率因数为感性

方法一：用对地测量电压的方法确定 V 相，分析 TV 二次侧电压断相的错误接线

1. 测量操作步骤

（1）将相位表用于测量电压的红表笔和黑表笔分别插入 U_1 侧对应的两个孔中。电流卡钳插入 I_2 孔中，相位表挡位应打在 I_2 的 10A 挡位上。将电流卡钳（按卡钳极性标志）依次分别卡住两相电流线，可测得 I_1 和 I_3 的电流值，并做记录。

（2）相位表挡位旋转至 U_1 侧的 200V 挡位上。此时，假设电能表表尾的三相电压端子分别是 U_1、U_2、U_3。将红表笔触放在电能表表尾的 U_1 端子，黑表笔触放在 U_2 端子，可测得线电压 U_{12} 的电压值。按此方法再分别测得 U_{32} 和 U_{31} 的电压值，并做记录。

（3）将红表笔触放在电能表表尾 U_1 端，黑表笔触放在对地端（工作现场的接地线），可测得相电压 U_{10} 的电压值。然后，黑表笔不动，移动红表笔测得 U_{20} 和 U_{30} 的电压值。其中有一相是零，一相不是 100V，并做记录。

（4）相位表挡位旋转至 φ 的位置上，电流卡钳卡住 I_1 的电流进线。相位表的黑笔触放在测得的相电压等于零的电压端子上，红表笔放在是 100V 的电压端子上，测得与 I_1 相关的一个角度 φ_1；按此方法，将电流改变用 I_3 又可测得与 I_3 相关的一个角度 φ_2，并做记录。

2. 数据分析步骤

（1）当测得的电流 I_1 和 I_3 都有数值，且大小基本相同时，说明电能表无断流现象，是在负载平衡状态下运行的。

（2）当测得线电压值有不是 100V 时，说明接入电能表的电压有断相。

（3）测量的相电压值为 0V 的是电能表实际接线的 V 相电压，相电压值为 100V 的是电压正常相。

（4）确定电压相序。

在相量图上，分别以 U_{UV} 和 U_{WV} 为基准顺时针旋转测得的两个角度 φ_1 和 φ_2，得到两组 I_1 和 I_3 的位置。进行比较，以位置更合理的一组来确定电压和电流的相序。

（5）画出相量图。

（6）依据判断出的电压相序和电流相序，可以做出错误接线的结论，并根据结论写出错误接线时的功率表达式。

3. 实例分析

电子式电能表内部分压有"△"和"∨"两种方式，当出现电压断相时两种结构的分压情况截然不同。以下举例为"∨"方式。

错误现象为电能表表尾电压正相序 WVU；电流相序 $I_W I_U$；W 相电压断相。

图 68 是三相三线有功电能表的错误接线。从图中可以看出，电能表表尾电压相序为 WVU，并且 W 相 TV 二次电压断相，造成电能表第一元件失压，第二元件电压线圈两端实际承受电压为 U_{UV}；电流由于 U、W 相 TA 二次接反，造成第一元件电流线圈通入的电流为 I_W，第二元件电流线圈通入的电流为 I_U。

（1）按照测量操作步骤测得数据，并将测量数据记录在表 45 中。

表45   **测 量 数 据 值**

电流/A		电压/V				角度/（°）	
I_1	2.36	U_{12}	56.2	U_{10}	56.1	$\varphi_{U_{32}I_1}$	285
		U_{32}	100	U_{20}	0	$\varphi_{U_{32}I_3}$	45
I_3	2.36	U_{31}	50.8	U_{30}	100		

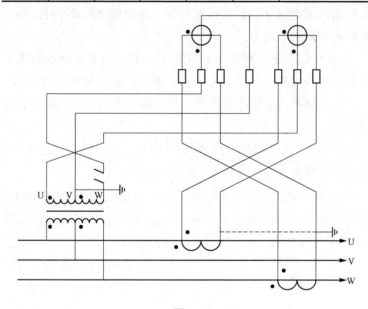

图 68

（2）分析并确定电压相序：

1）因为 U_{12} 和 U_{31} 不是 100V，故可以断定电能表有断相现象。

2）确定 V 相位置。由于表 45 中 U_{20}=0V，即可断定电能表表尾 U_2 所接的电压为电能表的实际 V 相电压。

3）确定断相电压。U_{10} 不等于 100V，所以判定 U_1 为断相。

4）确定电压相序。如图 69 所示，在相量图上，以实际电

压 U_{UV} 为基准顺时针旋转 285°，由此点按画相量的方法，在相量图上画出其相量方向，得到第一元件所通入的电流 I_1。同样按顺时针方向旋转 45°即可得到第二元件所通入的电流 I_3。如图 70 所示，再以实际电压 U_{WV} 为基准顺时针旋转 285°，由此点按画相量的方法，在相量图上画出其相量方向，得到第一元件所通入的电流 I_1。同样按顺时针方向旋转 45°即可得到第二元件所通入的电流 I_3。

5）经过分析比较图 69 和图 70，U_{UV} 为基准画出的两个电流位置较合理，即 U_{32} 为 U_{UV}。所以，电压相序为 WVU。

（3）分析并确定电能表两个元件所通入的实际电流，如图 71 所示。

1）确定 U_{32} 为 U_{UV}，可将表 45 中 $\varphi_{U_{32}I_1} = 285°$、$\varphi_{U_{32}I_3} = 45°$ 相应地替代为 $\varphi_{U_{UV}I_1} = 285°$、$\varphi_{U_{UV}I_3} = 45°$。

2）在相量图上，以实际电压 U_{UV} 为基准顺时针旋转 285°，由此得到第一元件所通入的电流 I_W。同样按顺时针方向旋转 45°，即可得到第二元件所通入的电流 I_U。

（4）画出错误接线时的实测相量图，如图 69 和图 70 所示。

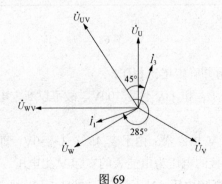

图 69

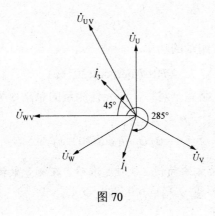

图 70

（5）画出错误接线相量图，如图 71 所示。

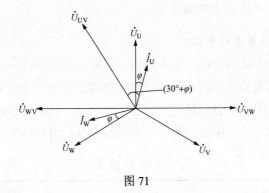

图 71

（6）写出错误接线时测得的电能（以功率表示）。正确接线时，第一元件的电压为 U_{UV}，第二元件为 U_{WV}。当错误接线时，由于电压相序为 WVU，且 W 相电压断相，造成第一元件失压，第二元件的实际电压是 U_{UV}。对两个元件所计量的电能分别进行分析（以功率表示），并设 P_1' 为第一元件错误计量的功率，P_2' 为第二元件错误计量的功率。

第一元件测量的功率：

$$P_1' = 0$$

第二元件测量的功率：

$$P_2' = U_{UV}I_U\cos(30°+\varphi)$$

在三相电路完全对称，两元件测量的总功率为：

$$P' = P_1' + P_2'$$
$$= 0 + U_{UV}I_U\cos(30°+\varphi)$$

点评：该方法简便、快捷、准确，在测量数据的过程中，能够很快判断出 V 相电压和断相电压。

方法二：用不对地测量电压的方法确定 V 相，分析 TV 二次侧电压断相的错误接线

1. 测量操作步骤

测量方法和方法一基本相同，不同点是将方法一中对地测量相电压改为只需将相位表的红表笔触放在电能表尾 U_1 的端子上，黑表笔悬空测得一较小的电压值，再以同样的方法测得 U_2 和 U_3 的电压值，其中一相值约为零。测量数据见表 46。

表 46   测 量 数 据 值

电流/A		电压/V				角度/(°)	
I_1	2.36	U_{12}	56.2	U_{10}	1.8	$\varphi_{U_{32}I_1}$	285
		U_{32}	100	U_{20}	0.1	$\varphi_{U_{32}I_3}$	45
I_3	2.36	U_{31}	50.8	U_{30}	4.2		

2. 数据分析步骤

通过表 45 和表 46 的数据比对，可以看出只是 U_{10}、U_{20}、U_{30} 和 U_1、U_2、U_3 的电压值不同，具体的分析步骤和方法一基本相同，U_1、U_2、U_3 中电压值近似为零的即为 V 相。

相量图的画法和错误接线时的功率表达式与方法一完全相同。

3. 实例分析（同方法一）

实例分析的具体方法和方法一完全相同。

点评：该方法与方法一的主要区别是，不对地进行电压测量，来确定 V 相电压的位置。

附录　常用三角函数公式

常用的诱导公式：

$\sin(-\alpha) = -\sin\alpha$ $\cos(-\alpha) = \cos\alpha$

$\tan(-\alpha) = -\tan\alpha$ $\cot(-\alpha) = -\cot\alpha$

$\sin(\pi-\alpha) = \sin\alpha$ $\cos(\pi-\alpha) = -\cos\alpha$

$\tan(\pi-\alpha) = -\tan\alpha$ $\cot(\pi-\alpha) = -\cot\alpha$

$\sin(\pi/2+\alpha) = \cos\alpha$ $\cos(\pi/2+\alpha) = -\sin\alpha$

$\tan(\pi/2+\alpha) = -\cot\alpha$ $\cot(\pi/2+\alpha) = -\tan\alpha$

$\sin(\pi/2-\alpha) = \cos\alpha$ $\cos(\pi/2-\alpha) = \sin\alpha$

$\tan(\pi/2-\alpha) = \cot\alpha$ $\cot(\pi/2-\alpha) = \tan\alpha$

诱导公式记忆口诀："奇变偶不变，符号看象限"。

符号判断口诀："一全正；二正弦；三两切；四余弦"。

两角和差公式：

$$\sin(\alpha+\beta) = \sin\alpha\cos\beta + \cos\alpha\sin\beta$$
$$\sin(\alpha-\beta) = \sin\alpha\cos\beta - \cos\alpha\sin\beta$$
$$\cos(\alpha+\beta) = \cos\alpha\cos\beta - \sin\alpha\sin\beta$$
$$\cos(\alpha-\beta) = \cos\alpha\cos\beta + \sin\alpha\sin\beta$$

特殊三角函数值（附表 1）

附表 1

函数 ＼ 角度/(°)	0	30	45	60	90	120	180	270	360
角 α 的弧度	0	$\pi/6$	$\pi/4$	$\pi/3$	$\pi/2$	$2\pi/3$	π	$3\pi/2$	2π
sin	0	1/2	$\sqrt{2}/2$	$\sqrt{3}/2$	1	$\sqrt{3}/2$	0	−1	0
cos	1	$\sqrt{3}/2$	$\sqrt{2}/2$	1/2	0	−1/2	−1	0	1
tan	0	$\sqrt{3}/3$	1	$\sqrt{3}$		$-\sqrt{3}$	0		0

参 考 文 献

[1] 孟凡利，祝素云，李红艳. 运行中电能计算装置错误接线检测与
    分析. 北京：中国电力出版社，2006.
[2] 宋文军. 电能计量装置错误接线检查与电能表现场检验. 北京：中国
    电力出版社，2013.